有机光热材料构筑及其
水资源净化和能源转换性能研究

贾涛 著

化学工业出版社

·北京·

内容简介

《有机光热材料构筑及其水资源净化和能源转换性能研究》共5章，瞄准世界科技前沿的热点、难点和新兴领域，面向"双碳"目标下开发新能源材料的重大需求，阐述了太阳能-热能高效转换有机光热材料的设计思路，明晰了分子结构与光吸收范围、光热转换效率之间的构效关系，阐明了现阶段有机光热材料吸收太阳光覆盖率低和光热转换效率难调控的问题，并将此类材料应用于太阳能驱动的水蒸发与热-电转化领域，明确了有机光热材料在太阳能-热能转换器件中对蒸发水性能、发电功率的关键因素。

《有机光热材料构筑及其水资源净化和能源转换性能研究》可供有机光电新材料研制、能源转换器件设计及水资源净化技术开发的科研人员和技术人员阅读，也可供高等院校相关专业师生参考或作为教学参考书目。

图书在版编目（CIP）数据

有机光热材料构筑及其水资源净化和能源转换性能
研究／贾涛著. —北京：化学工业出版社，2023.11
ISBN 978-7-122-44596-4

Ⅰ.①有… Ⅱ.①贾… Ⅲ.①有机材料-光电材料-
研究 Ⅳ.①TN204

中国国家版本馆 CIP 数据核字（2023）第 237025 号

责任编辑：李 琰　　　　　文字编辑：朱 允
责任校对：宋 夏　　　　　装帧设计：韩 飞

出版发行：化学工业出版社
　　　　　（北京市东城区青年湖南街 13 号　邮政编码 100011）
印　　装：北京科印技术咨询服务有限公司数码印刷分部
787mm×1092mm　1/16　印张 12　字数 257 千字
2023 年 12 月北京第 1 版第 1 次印刷

购书咨询：010-64518888　　　　售后服务：010-64518899
网　　址：http://www.cip.com.cn
凡购买本书，如有缺损质量问题，本社销售中心负责调换。

定　　价：88.00 元　　　　　　版权所有　违者必究

前　言

　　有机光热材料能将吸收的光能以非辐射跃迁形式产热，在海水淡化、污水处理、温差发电等方面具有巨大的应用潜力，能够有效地将太阳能转化为热能，对环境友好，受到越来越多的关注。太阳辐射波段主要包括：$250 \sim 400nm$ 的紫外光（能量：7.0%）、$400 \sim 760nm$ 的可见光（能量：50.0%）以及 $760 \sim 2500nm$ 的近红外光（能量：43.0%）。为了最大限度地利用太阳能，以下两个因素至关重要：①材料的吸收光谱不仅要覆盖可见光范围，还要覆盖近红外（NIR）区域，从而与太阳光谱很好地匹配；②材料吸收的太阳能应通过非辐射跃迁过程有效地转化为热能，而不是通过辐射跃迁过程转化为荧光。现阶段有机光热材料光吸收在太阳光谱的覆盖率相对较窄，因其窄带隙特征对分子结构要求很高，另外光热转换效率的提升非常依赖于聚集态分子的相互作用，难以调控，因此高效太阳能-热能转换有机光热材料的开发依然是研究重点。

　　经过众多研究学者的努力，到目前为止已经开发出多种高性能有机光热材料，并应用于水资源净化和能源转换等方面。本书作者在国家自然科学基金青年科学基金项目、黑龙江省优秀青年基金、黑龙江省重点研发计划及黑龙江省博士后特别资助等项目支持下，对有机光热材料结构设计及国内外应用现状、光物理特性、稳定性、不同环境下的水纯化及热-电转换性能研究做了大量的探讨。

　　本书在写作过程中，参阅了国内外多位学者的研究结果及所撰写的论文、专著等，并在章末参考文献中予以列出，得到东北林业大学多位教师和研究生，以及化学化工与资源利用学院诸位领导和专家的大力支持和帮助，在此深表感谢。

　　由于著者学识水平有限，书中不足和疏漏之处在所难免，恳请读者批评指正。

贾　涛

2023 年 7 月于哈尔滨

目录

2 酞菁基光热材料的基本性质研究   `62`

0

绪 论

0.1 引言

化石燃料是人类文明的奠基石之一。它们是第一次和第二次工业革命的能源基础，也是化肥、塑胶等现代农业、工业产品的重要原料。毫不夸张地说，现代的人类文明活动以及飞速发展的工业产业，无不依赖于化石燃料。然而，化石燃料是一种不可再生资源，随着这种资源不断被消耗，新的危机也层出不穷。历史上多次由石油引发的能源危机，导致全球经济、社会生产生活等受到很大影响，甚至引起工业生产停滞、全球经济衰退、人民生活水平大幅降低等严重后果。在可持续能源还无法完全取代化石燃料的今天，人类对化石燃料的过度依赖，注定将使世界在可预见的将来遭受更加严重的能源危机，而且使用化石能源时，会释放大量二氧化碳，二氧化碳进入大气层与地面增暖后放出的长波辐射相结合，从而使全球的温度随之上升。化石能源内包含 S 元素和 N 元素，经过燃烧会产生二氧化硫、二氧化氮、一氧化氮等气体，气体和空气内的水分相凝结就会出现酸雨，从而打破地球自身原本拥有的生态平衡，随之引起冰川的融化、海平面的持续上升、土地荒漠化的不断加剧、植物的不断枯萎。

目前而言，在能源消费结构上存在着十分不合理的现象，消费能源八成以上都是天然气、煤炭以及石油等，而清洁型能源特别是可再生能源占能源比例不足 10%，可谓是十分低的比重。现如今，天然气、石油、煤炭等的储采比在持续下降，能源问题已经逐渐显现出来。2005 年，中国就在"十一五"规划纲要中提出要节能减排。2016 年 4 月 22 日，我国代表签署了《巴黎协定》。同年 9 月 3 日，全国人民代表大会常务委员会批准中国加入《巴黎气候变化协定》，我国成为该协定的缔约方之一。2020 年 9 月第 75 届联合国大会一般性辩论期间，我国首次明确了碳达峰和碳中和的目标。2020 年 12 月《新时代的中国能源发展》白皮书是中国首次发布有关碳达峰、碳中和重大决策部署。中国将采取更有力的措施和政策，并承诺到 2030 年单位国内生产总值二氧化碳排放量达到峰值，比 2005 年减少 60%～65%，并提出到 2060 年实现碳中和。主动应对气候问题是我国实现可持续发展的基础条件。这是加快社会主义生态文明建设、实现美好中国目标的关键抓手。履行大国强国责任，助力建设人类命运共同体，是我国的担当。就我国来说，经济及社会的进步发展都是紧紧与节能减排联系着的，实现碳达峰、碳中和是实现经济繁荣、财富增长和人民幸福的必由之路。

水是人类赖以生存的必要资源。地球上的水总体积相当庞大，有 14 亿多立方千米，其中淡水只有 2.5%。若扣除无法取用的冰川等，以及分布在盐碱湖和内海的水，陆地上可以利用的淡水湖和河流的水量不到地球总水量的 1%。随着现代人类文明的飞速发展，全球人口持续增长伴随着水污染问题的日益加重。估算未来全球将有 60% 的地区将面临严重的水资源短缺问题。而我国的淡水资源更是存在区域性分布不均的特点，严重缺水地区主要是环渤海、黄海地区，这对于沿海、海岛等淡水资源短缺地区的经济发展极其不利。考虑到沿海、海岛地区具有丰富的海水资源，海水淡化成为一种很好的解决方案。我国"十四五"规划纲要中也明确指出要着力推进海水淡化规模化利用以及高质量发展，要求到 2025 年全国海水淡化总规模达到 290 万 t/d 以上，沿海城市新增海水淡化 105 万 t/d 以上，海岛地区新增 20 万 t/d 以上，逐步提高海水淡化供水的比例。这表明在未来的一段时间内，海水淡化对工业发展、经济发展的影响将逐渐提高。海水淡化已然成为经济社会发展的战略需求。然而传统的利用化石资源直接加热蒸馏的方式造成了巨大的能源浪费，因此寻找可替代的可再生能源用于淡水资源的获得迫在眉睫。

此外，化石资源的日渐枯竭也使得全球各地出现电力短缺问题，热电发电是一种合理利用太阳能、地热能、海洋热能、工业余热等低品位能源进行清洁发电的技术，具有运行不需运动部件来辅助、不需要维护就能直接发电、消除了噪声影响、减少了有害物质的排放和简化目前发电系统的复杂结构等优点，符合绿色环保要求，使得经济利益获得提升，对国民经济的可持续发展具有重要的战略意义，调整能源供给结构是解决能源危机的最有效方法之一。太阳能是由太阳内部氢原子发生氢氦聚变释放出巨大核能而产生的，来自太阳的辐射能量。人类所需能量的绝大部分都直接或间接地来自太阳能。植物通过光合作用释放氧气、吸收二氧化碳，并把太阳能转变成化学能在植物体内贮存下来。地球上的风能、水能、海洋温差能、波浪能和生物质能都来源于太阳；即使是地球上的化石燃料（如煤、石油、天然气等）从根本上说也是自远古时期开始逐渐贮存下来的太阳能，所以广义的太阳能所包括的范围非常大，狭义的太阳能则限于太阳辐射能的光热、光电和光化学的直接转换。太阳能的优点：①普遍，太阳光普照大地，没有地域的限制，无论陆地或海洋，无论高山或岛屿，处处皆有，可直接开发和利用，便于采集，且无须开采和运输；②无害，开发利用太阳能不会污染环境，它是最清洁能源之一，在环境污染越来越严重的今天，这一点是极其宝贵的；③巨大，每年到达地球表面上的太阳辐射能约相当于 130 万亿吨煤，是现今世界上可以开发的最大能源。

如果确保其充分利用可以减少环境污染的压力。当太阳出现时，太阳将以电磁波的形式向地球输送能量。太阳能是一种可再生能源，太阳光的供应是源源不断的。相比于有限的燃煤、石油和天然气等化石燃料，太阳能具有无限的潜力。光伏发电系统可以利用太阳能转化为电能，从而减少对传统能源的依赖，实现能源的可持续发展。太阳能发电过程中几乎没有污染物的排放。相比于燃烧化石燃料所产生的二氧化碳等温室气体以及空气和水污染，太阳能发电是一种清洁、环保的能源选择。它对环境的负面影响较小，能够有效减少温室气体排放，改善空气质量并保护生态系统。我国地域辽阔，拥有非常丰富且易得的太阳能资源。光热效应、光电效应是现如今太阳能利用的主要方式。其中光热效应是运用较为广泛且能量利用率较高的方式。所谓光热效应，就是运用吸光物质将太阳能转换成热能。

太阳能热技术是一种直接收集太阳能并用于加热和储能的方法。太阳能驱动蒸发作为其中一种实施方式，是一种在低于沸点的温度下产生蒸汽或在沸点或高于沸点下产生蒸汽的直接水蒸发方式。自古以来，太阳能驱动水蒸发就被人类用来生产清洁水，在现代工业应用中也无处不在，如相变储能、发电和散热等。太阳能驱动海水蒸发过程十分简单，即太阳能转换为热能，海水直接被热能蒸发，然后冷凝为蒸馏水。尽管此技术价格合理并且维护成本较低，但太阳能扩散导致的光损耗及其热量和蒸汽的分离导致的热损耗使得传统太阳能水蒸发系统的光热转换效率相对较低，界面太阳能水蒸发（interfacial solar vapor generation，ISVG）技术因其良好的可持续性与成本效益、环境友好和易操作性等优点，被认为是新一代太阳能驱动海水淡化、细菌消毒和废水处理技术的良好候选者。与传统技术相比，ISVG 技术采用界面加热，将热量限制在气-液界面处，仅加热界面处的部分水，从而大大提高了热量的利用率和水的蒸发速率。ISVG 技术在避免体积加热的同时，最大限度地减少了光热材料的使用量，提供了动态调整蒸发性能的额外方法，如蒸发蒸汽通量和蒸汽温度等。由此，ISVG 技术扩大了太阳能热蒸发技术在组装、独立和便携式太阳能海水淡化技术中的应用，使其成为解决淡水危机最有潜力的可持续发展方案之一。

0.2 海水淡化

淡水被认为是具有全球性意义的战略资源，对人类生存、经济发展和社会进步至关重要。据世界卫生组织报道，世界上有二十多亿人缺乏安全饮用水，而到 2025 年，预计世界人口的一半将生活在缺水地区。淡水资源短缺已成为限制人类文明未来发展的最严重挑战之一。淡水资源的合理供应和使用对人类健康以及经济和生态系统的稳定性至关重要。然而人类需求与天然淡水供应之间日益严重的不匹配正在影响工业和农业生产以及更为广泛的社会、经济和政治问题，包括贫困、生态系统恶化和暴力冲突，特别是在干旱和半干旱地区，这些问题尤为突出。

为减缓人类发展过程中淡水资源短缺所带来的危机，海水淡化技术成为主要方法之一。近几十年来，科研工作者们致力于开发可靠有效的海水淡化方法来解决淡水资源短缺问题。然而现有的能够大规模供水的海水淡化技术均是以加剧能源消耗或过度开发环境为代价,对近海生态系统和海洋环境会造成较大的潜在威胁。因此,开发出可持续发展的海水淡化技术对于克服淡水资源短缺问题,特别是缓解偏远落后地区供水压力具有重要意义。而太阳能是地球上最丰富的资源,从废水或海水等非常规不可饮用水源中生产清洁水是太阳能水蒸发技术的最基本应用,它是应对全球淡水资源短缺危机最有希望的绿色可持续解决方案之一。然而,在传统太阳能海水淡化技术中,太阳能吸收器通常被放置在水体底部,分离的吸收器和蒸汽会产生大量不可避免的热损失,从而导致水蒸发速率不高等技术难题。在此基础上,研究人员开发了一种全新的太阳能海水淡化技术,即界面太阳能水蒸发技术,通过合理设计太阳能吸收器和蒸汽发生系统,将能量限制在气-液界面处,极大地提高了光热转换效率,为太阳能蒸发技术的进一步实际应用提供了技术支撑。迫切需要高效的、规模化的海水淡化技术,以获取持续的、稳定的淡水供应,保障人类的基本生理需求得到满足。

0.2.1 传统海水淡化技术的发展历程

虽然海水淡化技术在最近几十年才开始崭露头角,但其实这项技术已经存在了几个世纪。最早的海水淡化实践可以追溯到公元前 300 多年到公元 200 年。在公元前 320 年,阿普罗迪西亚斯的亚历山大曾提到水手们用海绵收集煮沸海水所产生的水蒸气并成功饮用到"甜水"。1627 年,弗朗西斯·培根爵士提出使用沙过滤器来淡化海水。在 18 世纪中期,蒸汽工艺得到很大发展,从而促进蒸发和冷凝工艺在海水淡化中的应用,成为当时最常用的脱盐方法,这项技术也一直延续到 20 世纪早期。在 20 世纪中期,人们开始对膜技术进行研究并成功将其运用到海水脱盐中。然而,直到 20 世纪 60 年代,加拿大的科学家才获得了非对称膜的专利,使盐离子脱除更具成本效益,从而推动了该行业的迅速发展。随着人口的增长和工农业的发展,人们对淡水资源的需求与日俱增,这也推动海水淡化技术迅速发展,使其成为解决全球淡水资源短缺危机的现实选择。随之而产生了更多可以适应不同环境、不同地域、不同规模的新型脱盐技术,并且多项技术已经可以实现规模化工业生产。

目前比较成熟的传统海水淡化技术可以分为三类:膜分离技术、相变热法技术和混合工艺技术。膜分离技术是将给水(海水或微咸水)通过特定的膜,分离给水中的溶解盐,使盐保留在给水侧的技术。海水净化和海水脱盐的膜分离技术主要基于粒度分离,目前常用的膜分离技术包括反渗透(RO)、正渗透(FO)、纳滤(NF)和电渗析(ED)工艺。其中,RO 技术是通过在海水一侧施加超过渗透压的压力,从而使水通过反渗透膜朝着与自然渗透相反的方向迁移,然后在另一侧可以收集到淡水。RO 技术具有处理水量大、速度快等优点,是目前海水淡化十分成熟的主流技术,但是被处理的水中如果杂质比较多,在渗透的过程中会导致膜的堵塞,因此对水质要求比较高。与 RO 技术相反,FO 技术利用水从较高水化学势一侧通过选择透过性膜流向较低水化学势一侧,是一个自发性过程。该技术本身不需要施加额外压力,能耗低,污染小,但是水回收率较低,驱动溶液的循环利用较为复杂。NF 技术是一种近似机械筛分的方式，通过 NF 膜对离子进行拦截，膜的孔径范围一般在几纳米左右。
NF 膜对高价离子的截留能力很强，但对低价离子的截留效果不理想。ED 技术利用
离子交换膜的选择透过性，使用外加直流电场定向迁移溶液中的电解质离子，达到盐
水分离的效果。相变热法技术是加热给水（海水或微咸水）以产生"蒸汽"，然后使
蒸汽冷凝以产生淡水。这一原理主要应用于低温多效蒸馏（LT-MED）、多级闪蒸法
（MSF）、机械蒸汽压缩和热蒸汽压缩。其中，LT-MED 和 MSF 是两种主流的技术。
LT-MED 技术通过一系列串联的加热室，使蒸汽经过多级的汽化和冷凝过程，从而
得到淡水。MSF 技术使加热至一定温度的给水依次在一系列压力逐渐降低的闪蒸室
中闪蒸汽化，蒸汽冷凝后得到淡水。混合工艺技术是将相变热法技术与膜分离技术相
结合，主要包括膜蒸馏（MD）、RO 与 ED 或 MSF 结合等。

但是以上几类技术存在水质较差、运行成本高等问题。由于能源消耗量大，传统
的海水淡化技术不仅不能减少能源消耗，反而加剧了能源短缺的问题，而且还会造成
环境污染。这些因素导致现有的很多海水淡化项目不能满负荷地生产，造成资源闲置
甚至浪费。而且，由于交通不便、基础设施和装置昂贵，传统的海水淡化技术对于村
庄或偏远地区不能有效实施，无法改善水资源分布不均的现状。受自然蒸发的启发，
使用太阳能作为能源的海水蒸发技术正在成为一种有前途且环境友好的解决方案。然
而，由于水的光吸收能力比较差，并且存在较大的热损失，太阳光热转换效率太低，
无法保证持续稳定的淡水供应。通过寻找性能优秀的光热材料，利用界面加热概念，
设计开发出效率显著提高的先进太阳能蒸发系统。该系统可以使太阳光被有效吸收，
热量损失有效减少，光热转换效率大幅度提高。此外，太阳能还可用于温差发电、医
疗灭菌消毒等，这表明基于太阳能的水蒸发技术可以为淡水和绿色能源的生产提供有
前景的机会。

0.2.2　我国传统海水淡化技术的应用现状

就目前发展现状而言，我国的海水淡化技术和产业较发达国家还存在较大差距，
但随着海水淡化总量的持续增加，海水淡化技术也将更加成熟。在 20 世纪 50 年代，
我国就开始对海水脱盐工作进行研究，在 1997 年时将这项研究投入到实际应用中。
在"十一五"期间，我国将海水淡化的有关要求写进了规划纲要中，前前后后建立了
30 多套盐离子脱除装置。随后海水淡化发展规模逐渐壮大，尤其是在"十二五"期
间，我国的海水淡化工程在材料发展、企业合作以及淡水产量等方面均取得了不错的
成绩，从此进入产业发展阶段。在"十三五"期间，海水淡化已经成为促进海洋战略
性新兴经济发展的主要板块之一。

0.2.3　我国传统海水淡化技术所面临的问题

近年来，国内的海水淡化技术基本上具备了系统集成和工程成套能力，可以将淡
化后的海水作为工业用水和市政用水，解决了人们日常生活的需求。但是传统的海水
淡化技术依然面临着一些难以攻克的难题，成为碳达峰、碳中和发展理念下的严峻挑

战：①传统的海水淡化技术往往需要电能和化学能的参与，不仅会造成能源损耗，还会引发温室效应、环境污染等一系列问题；②海水淡化工程逐渐大型化，对工程建设、材料设备、工程投资和造水成本也提出了更高要求，淡化 1 吨水的成本远高于市场上 1 吨水的价格，因此迫切需要简化工艺流程，降低能源成本；③材料成熟度不够，产品稳定性不足，高端 RO 膜以及制膜装置需要从国外进口，部分材料缺乏自主创新，关键技术受制于人；④需要优化浓盐水的排海方式，海水淡化后产生的浓盐水可能破坏海洋生态平衡，需要对水质进行实时监测。尽管研究者们在海水淡化领域作了大量的研究，但传统的海水淡化方法仍然有各种缺点。对于膜法来说，需要定期更换用来渗透的膜来保持海水淡化的效率，并且使用后的废弃膜是一种严重且难处理的污染物。而相变热法的运行过程需要消耗大量的化石燃料。因此近年来，对于无污染、不消耗常规能量来源、高效的光热材料的研究吸引了一大批优秀的海水淡化专家的目光。此外，所有这些方法的实施都需要大面积的土地来建设工厂。

0.3 热电转换

电能紧缺是中国当前面临的一个严峻问题。随着中国经济的增长，电力需求不断增加，而传统的化石燃料发电系统无法满足这种增长，导致中国电能紧缺，引发了一系列问题，首先，目前中国电能供应满足不了日益增长的电力需求。2022 年，我国部分地区的电力供应缺乏，电力停电问题时有发生。全球油气供需紧张，能源价格大幅上涨。国内煤炭价格不断上涨导致供需矛盾不断加深，燃煤发电企业效益面临巨大挑战，多种因素叠加影响，导致全国开始"拉闸限电"。电力供应短缺问题凸显，引起大范围的工业生产停摆，严重影响疫情后社会生产生活的复苏。因此引进太阳能光热发电的理念是解决电力短缺问题的有效方式。另外，由于能源紧缺，国家要大量使用外国能源，增加了国家的支出，并造成能源的潜在风险。中国电能紧缺的问题不容小觑，应加快电力供应改善，转向可再生能源，如太阳能发电等，以确保未来的电力需求。

温差发电技术并不是新兴的技术，早在 20 世纪 40 年代就已经被发现，中间经过了一段探索期。1960 年之后，美国和苏联利用热电发电技术进行了太空探索卫星供电的研究。结果显示，通过热电元件吸收自发裂变产生的 α 射线粒子而产生的热能转换成热电元件电力的核电池已经投入实际使用，并且被用作许多卫星的电源。近年来，随着环境问题的加重，研究新能源的热情迅速高涨。而热电发电只需要存在微小的温差便能够产生电流，加上其结构简单、体积较小、便于携带、稳定性高、使用寿命长等特点，许多研究可再生能源的学者也把目光转向了热电发电。自从德国科学家塞贝克在 1821 年发现塞贝克效应（Seebeck effect）以来，科学家们就开始朝着热电发电方向进行了持之以恒的探索。由于法国科学家珀尔帖、热力学奠基人之一的英国物理学家约瑟夫·约翰·汤姆逊和德国科学家阿特克希等领军人物的不懈努力，以及近几十年以来发现的一些具有良好热电性能的材料，热电发电技术逐渐完善。然而，在这个阶段以金属作为发电材料的热电发电效率一直较低，也因此并未能引起广大科学家的注意。1947 年，世界上第一台热电发电器诞生，这是热电技术第一次的实际应用，虽然效率只有 1.5%，但这也证明了热电发电领域的研究是有前景的。此后，热电发电技术开始进入研究应用阶段。现如今，热电发电技术已经走过了 200 年的历史，热电发电技术在实际工程中的应用已经证明了其自身价值。但其发电效率还有待进一步提高，这个问题需要未来我们从热电发电理论层次和发电材料层次再探索研究。

国内外热电转换技术研究主要集中于对太阳光能的光转换利用方面。由于光能的高能量性和可再生性，利用光能代替储量有限的化石能源已成为提高能量利用效率的有效手段。在上述情形下，太阳能热电发电系统以及太阳能光伏热电发电系统引起了能源领域研究人员的广泛关注。有关太阳能热电发电系统以及太阳能光伏光热混合发电系统的研究陆续开展。1821 年，塞贝克研究发现了当两种材质的金属材料首尾连接，将一个单独的闭合电流回路建立起来时，加热其中的一处接触点并使另一接触点温度不变保持低温的现状，两种材质接触点之间就会存在温度差，此时磁场会在电路周围产生，并产生相应的电动势，且伴随着电流通过。他针对该现象进行持续观察后提出，在温差影响之下金属产生了磁化。接着在其余科学家们所实施试验的帮助下验证了该现象，该现象出现的原因是温度梯度导致了电流，继而在导线周围产生了磁场。他的发现实际上属于一类热电转换的效应。塞贝克效应又称作第一热电效应，是指由两种不同电导体或半导体的温度差异而引起两种物质间的电压差的热电现象。一般规定热电势方向为：在热端电子由负流向正。在两种金属 A 和 B 组成的回路中，如果使两个接触点的温度不同，则在回路中将出现电流，称为热电流。相应的电动势称为热电势，其方向取决于温度梯度的方向。塞贝克效应的成因可以简单解释为在温度梯度下导体内的载流子从热端向冷端运动，并在冷端堆积，从而在材料内部形成电势差，同时在该电势差作用下产生一个反向电荷流，当热运动的电荷流与内部电场达到动态平衡时，半导体两端形成稳定的温差电动势。半导体的温差电动势较大，可用作温差发电器。1834 年法国科学家珀尔帖通过研究发现了另一类现象，他将材质不一致的两种金属棒连接到一起，并且在金属棒接头处挖了个小洞，将水滴入到这个小洞之中，研究发现回路上通过电流之后，水会凝结成为冰，只不过试验过后珀尔帖并未找到这个现象和效应间的关系。直至 1838 年珀尔帖再一次对此试验进行了深层次的分析，他发现在金属棒连接点的位置上水先被冻成了冰，然后他转变电流的流向后看到冰出现了融化为水的现象，于是他借助该现象验证了自己提出来的结论：借助 A、B 两种不同导体材料构建起一个回路，在电流流经此回路的过程中，于不同导体材料的连接点处会随着电流方向不同出现不一样的吸热与放热现象，该现象即为珀尔帖效应（Peltier effect）。即当电流方向发生了转变之后，随之出现交换的还有吸热与放热对应的端口。1856 年英国物理学家汤姆逊研究了上面两种效应，用热力学原理系统化地对上述两种效应进行了分析，提出了两种效应间所存在的具体关系，从理论角度把原本不具备任何关系的两个系数放到一起，提出了一种全新的与热电发电相关的理论，并以自己的名字命名为汤姆逊效应（Thomson effect）。

热电发电模块也称为热电模块，或称为热电片，在热电发电器（TEG）内它属于核心部件。一般情况下，热电发电的模块是通过串联和并联 PN 节的阵列获得的，并且选择的都是可匹配起来的热电材料。在 PN 节两个端面用各类材料和各种技术手段制作金属电极，PN 节阵列在两个不同端面中用不同的封装材料和陶瓷片来装配，将热电发电模块组建起来。模块内部采用什么样的热电材料，那么模块就会具备何种性能，后者是由前者性能所决定的，并且对其性能产生影响的结构因素有很多，包括：密封的条件、材料、电极连接的性能、尺寸等。

郭东文等利用聚光原理和热电能量转换技术，实现了太阳能热电发电系统在 120℃温差情况下的高效能量输出。朱玉辉利用热管和碲化铋材料，在 10℃的温差情况下实现了太阳能热电发电系统 154mV 的输出。徐慧婷等通过使用菲涅耳透镜以及热电能量转换模块，提高了太阳能光伏热电混合发电系统的输出功率和能量转换效率。马晓丰通过将热泵与光电技术以及光热技术相结合，设计了基于热泵的太阳能光伏热电混合发电系统，实现了较高的光电及光热转换效率。韩雨辰通过将低倍聚光与太阳能热泵系统相结合，建立了聚光-太阳能光伏热电混合发电系统的理论模型，并进行了实验验证。陈颖在完全耦合的太阳能光伏热电混合发电系统基础上，提出了互补的发电控制策略，降低了系统的发电成本。王立舒等通过使用微热管技术对太阳能热电发电系统的光热转换效率进行了分析。李超借助透镜及神经网络方法实现了对光热热电能量转换装置输出特性的预测。张涛等将电池废热与光热能量转换技术相结合，建立了太阳能光热与电池废热的联合发电系统。孙东方等对太阳能光伏发电和太阳能光热发电的优缺点进行了分析，并提出了将二者结合进行环保发电的策略。吕学成等利用复合式抛物面进行聚光，并采用热管进行传热，将太阳能热电发电系统的输出特性进行了提升。张靖将三位稳态数值模型与太阳能热电发电系统相结合，对系统的输出影响因素进行了进一步研究。张栗源等采用有限元方法，对太阳能热电发电系统的输出特性影响机制进行了深入研究。丁修增对抛物性聚光太阳能热电发电系统的输出机制进行了研究。梁秋艳通过跟踪太阳轨迹并结合聚光原理对太阳能热电发电系统的输出功率进行了进一步研究。

国内外热电转换技术研究主要集中于工业热能回收与废弃热能回收等方面。值得注意的是，此处的热电转换技术指的是广义上的利用与用电相关的装置或系统产生的热能进行热电转换。在工业热能与废弃热能的回收和利用中，对于汽车尾气的热能回收研究近年来成为了热点。王新竹研究了基于热管的汽车尾气热能回收转换方案，实现了输出性能优异的热电转换能量输出。白洁玮将汽车尾气的回收利用与液化天然气汽车的优异冷却性能相结合，为通过热电转换技术回收汽车废气热能提供了一种新的思路。除了对于汽车尾气的热能回收，国内外对于热电转换技术研究还有以下方面。Biswas 等通过使用碲化铋热电能量转换器从工业热空气中收集热量，表明了热电转换技术对工业热回收和利用的便利性。Meng 等通过热电发电理念回收废气热量，并展示了一种经济高效的热电能量转换系统，可用于工业气体热回收。此外，Al-Nimr等在内燃机表面设置一个热电能量转换模块，利用内燃机产生的废气热能输出电能。Sun 等与 Kunt 等用内燃机产生的高温废气作为热源，通过热电能量转换模块回收废气的能量。根据接触方式的不同，用于工业热能回收与废弃热能回收的热电转换技术应用可以分为以下两种情况。第一种情况是热电转换模块直接与热源接触，从热源吸收热能并将其输出转换为电能。Kim 等将热电转换模块的热侧直接暴露于柴油机提供的热废气中，从而获得 43W 的功率和 2.0% 的能量转换效率。Zhao 等选择高温烟气作为热源，并通过热电转换模块和高温烟气的直接接触进行热电能量转换，证明当增加烟气的湿度并减小热交换面积时，可以获得最大输出功率。Huang 等直接将热电转换模块的热表面安装到盒式加热器上，通过环状热管的散热来实现热电转换模块的高效输出。Teffah 等通过将热电转换模块与热电冷却模块产生的废热直接接触，将废热直接转换为电能，实现对废热的有效再利用。Marandi 等通过将热电转换模块的热侧粘合到在光下会产生高温的光伏材料上，实现了太阳能光伏热电混合发电系统的高效能量转换输出。但是，由于热电转换模块直接与热源接触，从热源吸收热能并将其输出转换为电能的情况通常难以手动控制热源的温度，因此温度过高的热源成为热电转换模块的稳定运转的巨大障碍。当温度高于长时间运行的热电转换模块的适宜工作温度时，热电转换模块有被损坏的危险。基于上述原因，出现了热电转换技术应用的第二种情况。第二种情况是热电转换模块通过传热介质与热源接触，从传热介质吸收热能并将其转换为电能。

水蒸发作为一种自然现象，汽化产生的水具有较高的纯度。因而以水蒸发为基础的水淡化技术和净化技术快速发展。然而，工业过程中高能耗的水蒸发使得化石燃料的使用量增加，随之产生的副产物危害着人类的健康。太阳能作为一种取之不尽的绿色能源，自古以来受到广泛的利用。光热效应利用太阳光作为水循环和大气循环的驱动力，为解决水短缺问题带来了新途径。新兴的界面光热水蒸发技术以太阳光作为能源，通过光热转换材料（太阳能吸收器）将光能转换为热能，光热转换材料与水体界面处的水分子吸收足够的热能从光热转换材料内部通道溢出，而水中的杂质和溶质留在水体中，从而实现了水的净化，然而在蒸发过程中，会发生由传导、对流或辐射造成的系统性热损失。对于热电能量转换研究，能量转换机制与模型构建是整个研究的基础。热电能量转换机制主要包括热能向电能的正向能量转换机制以及电能向热能的反向能量转换机制。对于正向热电能量转换，塞贝克效应是整个转换的核心效应（图 0-1）。对于反向电热能量转换，珀尔帖效应是整个转换的关键。对于整个材料的不同区域，结构及接触面的不同导致的整个材料不同区域的多种珀尔帖效应同时扩散，最终产生汤姆逊效应。对于热电能量的获取机制及模型，本书主要研究了太阳能光热热能以及用电器件工作产生的热能的获取模型；对于热电能量的传输机制及模型，主要研究了多层传热介质下具有循环水路的半导体用电器件的热电能量传输模型；对于热电能量的转换输出机制及模型，主要研究了半导体用电器件发热情况下的热电转换器的能量转换输出模型。

太阳能光热转化机制主要是依靠光热材料实现，通过光热材料吸收太阳能并将其转化为热能用于蒸发和发电。目前，已经研发了许多无机材料用于太阳能光热转化。但大多数的无机材料存在成本高、牢固性差、加工难度大等缺点。而有机小分子有着低成本、结构多样、种类繁多和光物理性质可调控等优点。因此，若对其进一步修

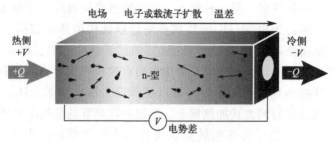

图 0-1 塞贝克效应原理

饰，提高光热性能，能够拓宽有机小分子材料应用领域，在太阳能光热转化方面有着巨大的应用潜力。基于此，开发具有高效太阳能光热转换效率的有机小分子材料对推动光热产业的发展具有重要意义。

太阳能通过光伏、光电和光化学过程诱导的能量再生已被广泛研究，并安全表现出优异的性能。常用的方法是将太阳能水蒸发与压电、热电或盐度传感结合起来，生产淡水并发电。如图 0-2(a) 所示，Li 等将热电模块与太阳能水蒸发系统相结合，通过存储和回收太阳能蒸汽过程产生的蒸汽焓，同时产生清洁的水和电，能量转换效率可达 72.2%，在蓄热区保持在 100℃和室温（25℃）的情况下，热电转换效率可达 1.23%。如图 0-2(b) 所示，Yang 等提出了利用太阳能水蒸发引起的盐度梯度进行海水淡化发电的混合能源利用技术。结果表明，单太阳照射下，太阳能蒸发效率可达 75%，而额外的电能可达 $1W \cdot m^{-2}$ 左右。温差发电技术是一种基于塞贝克效应的新型可再生能源发电技术，在太阳能蒸发过程中，它可以利用光热材料转换的余热与水中的温差进行热电转换产生电能。该发电技术具有以下优势：①太阳能是一种可持续能源，可以从自然界循环利用，不需要任何成本；②塞贝克温差发电技术利用太阳能没有任何污染还能更好提高太阳能的能量利用效率，在解决淡水资源问题的同时，还可以大大改善地区电力紧缺的问题。

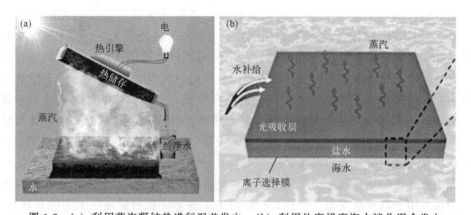

图 0-2 （a）利用蒸汽凝结热进行温差发电；（b）利用盐度梯度海水淡化混合发电

通过光伏、光电和光化学过程利用太阳能已被广泛研究并显示出优异的性能。因此，将太阳能水蒸发与热电发电相结合，同时解决水资源和能源短缺问题是合理的。最近，高效的太阳能蒸发过程与摩擦发电、压电发电、热电发电或盐度感应等装置的结合，已被证明能够利用太阳能进行海水淡化和发电。一般来说，有两种方法可以从水蒸发中获得电能。第一种方法是将太阳能蒸发系统与上述能量发生器装置相结合。这种方法主要是用来产生淡水和电能的。Zhou 课题组提出了一种混合能源发电技术的新概念，采用碳纳米管作为界面蒸汽产生的太阳能蒸发体材料，将具有离子选择性的商用 Nafion 膜作为绝缘基板。随着蒸汽的产生，蒸发面与主体水之间逐渐形成盐度差，并成功用于发电。在 1 个标准太阳光强度（$1kW \cdot m^2$）下，实现了 75% 的水蒸发效率以及约 $1W \cdot m^{-2}$ 的发电功率密度（见图 0-3）。第二种方法是在设备中同时产生蒸汽和电能。也就是说，该装置可以在水蒸发过程中发电。Zhou 课题组提出，炭黑（CB）、碳纳米管（CNT）、石墨烯（GR）等多种纳米结构碳材料表面的水分蒸发可用于发电，利用厘米大小的 CB 片材可以产生 1V 的电压。与此同时，由于其多孔结构的毛细作用，可以有效进行水蒸发。这种方法向前迈出了重要一步，因为它引入了能量收集的概念，可以在任何天气条件下全天持续实现发电和水蒸发。

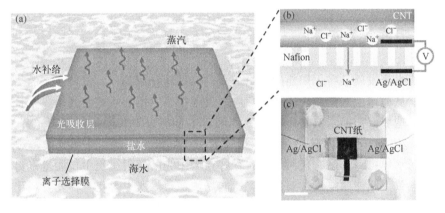

图 0-3　太阳能脱盐和盐度电能提取混合系统的示意图

(a) 混合装置的结构；(b) 盐度差发电的机制；(c) 由尾部为 Nafion 膜的碳纳米管改性纤维素纸和
两片 Ag/AgCl 电极组成的装置

对于热电能量转换研究，能量转换机制与模型构建是整个研究的基础。热电能量转换机制主要包括热能向电能的正向能量转换机制以及电能向热能的反向能量转换机制。对于正向热电能量转换，塞贝克效应是整个转换的核心效应。对于反向电热能量转换，珀尔帖效应是整个转换的关键。对于整个材料的不同区域，结构及接触面的不同导致的整个材料不同区域的多种珀尔帖效应同时扩散，最终产生汤姆逊效应。

1

有机光电材料基本知识

1.1 太阳能光热材料

太阳能水蒸发就是将太阳能的能量最大可能地转化成热能，将转换来的热能用于加热水体，从而产生水蒸气。但在实际应用过程中，太阳能水蒸发效率一直是能量利用的软肋。造成太阳能水蒸发效率低下的因素主要有以下几个：①太阳光分为紫外-可见-红外光波段，然而水体自身仅能吸收大于 1400nm 的近红外光波段，对于紫外与可见光区水体自身却没有任何的吸收；②在太阳光的照射过程中，能量是将整个水体加热，导致太阳能的能量过于分散，不能局域加热。所以寻找一种充分利用太阳能资源的方式，在资源匮乏、环境污染压力较大的时代是必不可少的。传统的太阳能光热水蒸发是利用太阳光吸收性表面（涂层）将太阳能转换为热能，通过直接加热或者介质传热将热量传递给容器中的全部水，水温升高从而蒸发。要获得较高的水蒸发速率，往往需要大面积太阳聚光系统。聚光系统的采用会导致光损耗加大以及光吸收表面的高温（高温会导致热损失加剧）；聚光系统的体积庞大、成本高。此外，产生的热量传递给容器中的全部水，部分热能用于水蒸发（相变），而部分热能使水温度升高（加热水），这也导致热能利用效率较低。正因如此，传统的太阳能水蒸发系统无法与目前常用的高耗能的反渗透系统竞争。开发高效、低成本的太阳能水蒸发光热转换材料及系统尤为必要。现阶段，太阳能水蒸发有 3 种途径：①太阳能吸收器在体相水底部的水蒸发，底部的吸收材料将吸收的太阳能转化成热能从而用来加热整个体相水；②太阳能吸收器（纳米流体）均匀分散在体相中的水蒸发，均匀分散的太阳能吸收器（纳米流体）将入射的太阳光转换成热能从而用来加热整个体相水；③太阳能接收器定位在气-液界面加热的蒸发，在气-液界面处太阳能吸收器将转换的热量用于加热气-液界面的水。

光热转换材料在体相水底部时，太阳光照射底部的吸光物质。已知水仅对 1400nm 以上波长的光有吸收，这样的做法会造成吸收物质对于太阳能的吸收较差，还导致吸光物质所吸收的热量用于加热整个体相的水，不可避免地导致热损失，造成能量利用率大大降低，水蒸气产生效率在 30%～45%。为了减少体相热损失，Neumann 等运用纳米流体加热整个体相水从而提高光热水蒸发的效率，与之前所研究的光热水蒸发效率相比得到了改善，但该效率仍未达到预期水平。因为他们加热的是整个体相水而不是加热蒸发所需要的局部区域。此外，在太阳光的长期照射下，纳米流体的稳定性和用于传输纳米流体的传输设备均会受到严峻的考验。在这样的背景下，陈刚等将界面局域加热引入到光热水蒸发中，以改善上述中的局域热定位问题，使太阳能接收器在没有太阳能聚光系统下水蒸发效率达到较为理想的水平。这种方法将热量最大限度作用于蒸发部分，而不是加热整个体相水，从而大大提高了水蒸发的效率，并且还减少了聚光系统的投入及维护费用，减少使用聚光系统占据大面积的土地，社会资源得到极大限度的利用。

近些年来，太阳能由于其环保等优势越发受到人们的青睐。太阳能可以说是取之不尽、用之不竭的清洁能源，太阳每秒钟对地球的总辐射热量与大约 500 万吨标准煤燃烧产生的热量相当。太阳能的开发与利用得到了广泛的研究。太阳能可以被利用并转化为各种形式的能量，通过光电、光化学和光热过程可以分别产生电能、化学能和热能。这些过程中，光热过程是转换效率最高的直接转换过程。目前，太阳能光热转换技术是最为成熟、应用最为广泛的太阳能技术。光热转换主要是收集太阳辐射并将其转换为热量加以利用，如太阳能海水淡化、太阳能热发电等。太阳能所驱动的水蒸发和蒸汽发电过程正成为获取利用太阳能的重要技术，可以直接将太阳能转换为热能用于水的蒸发和能量储存过程。在太阳能所驱动的水蒸发过程中，对水蒸发效率影响最大的因素就是太阳能蒸发体材料。因此，选择高光热转化能力的太阳能蒸发体材料是提升太阳能光热转换性能的关键步骤。

理想的太阳能蒸发体应该具有宽光谱吸收和高效的光热转换效率。从光热水蒸发技术的发展历程来看，太阳能吸收器的设计对于提高光热水蒸发性能起着至关重要的作用。合理设计的太阳能吸收器不仅能够提高对太阳光的利用率，而且能够降低整个系统的热损失，提高能量的利用效率。因此，高性能太阳能吸收器的设计是界面光热水蒸发技术的一个重要研究方向。太阳能蒸发体主要由载体材料和光热材料所组成。近五年来，人们在用于界面光热水蒸发系统的太阳能吸收器的设计方面开展了大量的研究。光热转换材料的选择对太阳能吸收器的光吸收性能起着决定性的作用，光吸收性能决定着太阳能吸收器的光热水蒸发速率和效率。除了光热转换材料的选择外，通过巧妙地设计太阳能吸收器的构型，也能够显著提高同一光热转换材料的水蒸发性能。载体材料是太阳能蒸发体的重要组成结构之一，它的性能影响着水蒸发系统的光热转换效率。为此在选择载体材料的时候，需要考虑水的输送/蒸发和保温隔热问题，确保它具备有效的水输送/水蒸发速率、良好的润湿性和连续的路径，并且需要低热导率和多孔结构来提高隔热性能。目前常用的载体材料主要有纤维素泡沫、聚氨酯泡沫（PU）、聚苯乙烯泡沫（PS）、GO 气凝胶、无尘纸、天然木材、棉花等。它们具有良好的亲水性、低导热性、高孔隙率和用于水传输的通道。影响太阳能驱动界面蒸发效率的因素主要有以下三点：①界面蒸发材料具有良好的光热转换性能；②界面蒸发海水淡化系统能量损耗低；③空气-水界面有持续的水源供应。因此，为了提升太阳能界面蒸发的效率，首先应选择光吸收能力强、吸波范围广的材料作为光吸收体，在构筑界面蒸发光吸收体时，大的比表面积与表面粗糙度能够降低光的反射率，达到更强的光吸收率。此外，较大的界面蒸发比表面，能够降低水分蒸发的等效蒸发焓，即水分蒸发所需要的能量越少，越有利于提升太阳能的利用效率。其次，为了降低界面蒸发海水淡化系统的能量损耗，光热转换材料应漂浮于水面以上，防止液面浸润导致能量向水中扩散而损耗。最后，为保证空气-水界面有持续水源供应，太阳能界面蒸发装置一定要由亲水材料来传输水分至界面蒸发材料表面，形成空气-水界面，实现水分的快速蒸发。

光热材料受到太阳光照射后，吸收的光子与材料内声子相互作用，导致材料晶格振动变得剧烈，从而提高了材料的温度，部分材料吸收光子后还会产生大量热电子从而产生热量，但是各种材料的光热转换原理与光热转换能力均不同。太阳能光热转换材料需具备两个特性，能够尽可能吸收所有的太阳光，同时能够将吸收的所有光子能量全部转换为热量。光热材料作为太阳能蒸发体的核心，决定了太阳能光热转换蒸发体的能力上限，发挥着不可替代的作用。更具体地说，优越的光热材料应具备强光吸收能力和宽光谱吸收范围、低廉的制造成本与灵活的空间运用。本文将光热材料主要分为金属基材料、无机半导体材料、碳基材料以及有机材料分别进行介绍。

1.1.1 金属基材料

金属基无机光热材料主要有金（Au）、铝（Al）、银（Ag）、钯（Pd）、锗（Ge）和 Au-Ag 双金属等。由于其强大的光吸收和光热转换能力，已被广泛应用于太阳能光热蒸发技术。但需要注意的是，相较于双金属纳米粒子，单金属纳米粒子存在光吸收范围窄、不能有效利用全光谱太阳能的问题。金属纳米粒子经常固定在多孔薄膜上使用，如纤维素纸、纳米孔阳极氧化铝模板、木材、石墨烯、SiO_2 等。

云南大学的杨鹏和万艳芬团队在 2019 年以具有树枝状结构的海洋底栖珊瑚为灵感，制备了一种新颖的三维纳米复合太阳能蒸发器 $Au@Bi_2MoO_6$-CDs ［图 1-1（a）］。该复合材料主要由贵金属、半导体和生物质碳点组成。与纯 Au、Bi_2MoO_6 和 CDs 相比，该复合材料实现了有效的电荷转移，通过材料内部对光的多级反射获得了 70% 的光吸收率。$Au@Bi_2MoO_6$-CDs 复合材料在一个标准太阳光强度下，光热转换效率高达 97.1%，水蒸发速率为 $1.69kg \cdot m^{-2} \cdot h^{-1}$，具有超高的光热转化能力。Jin Yang 等报道了一种在天然木材上沉积聚多巴胺（PDA）和银纳米颗粒（AgNPs）的新型太阳能界面蒸发装置 ［图 1-1（b）］。Ag-PDA@木材具有独特的双层结构和较宽的波长范围（300～2500nm），顶层的光吸收能力大于 96%。由于 PDA 和 AgNPs 之间的协同光热效应，Ag-PDA@木材具有超快的太阳能热响应，在 $1kW \cdot m^{-2}$ 光照下，AgPDA@木材的蒸发速率为 $1.58kg \cdot m^{-2} \cdot h^{-1}$，蒸发效率可达 88.6%。

洪樟连课题组基于碳化二亚胺受限空间热解的"爆米花"方法，合成了铜纳米点嵌入的氮掺杂石墨烯海胆［图 1-1(c)］。原位生成的铜纳米点固定在石墨烯基体上，在较宽的光谱范围内（300～1800nm）获得了接近 99% 的全光谱太阳光吸收。在应用于太阳能海水淡化时，掺氮的石墨烯海胆为水的运输提供了结构互联和快速通道，并使形成的等离子体吸收器能够自然地漂浮在水面上。通过将吸收的能量集中在界面上，最终在模拟太阳光下实现了高效（约 82%）和稳定的海水淡化。在实际应用中，该吸收器的太阳能海水淡化系统在太阳照射下可以产生约 $5L \cdot m^{-2} \cdot d^{-1}$ 的淡水。金属基无机材料虽然具有良好的化学稳定性、抗腐蚀性和光热性能，但也存在一些缺点。价格高、难以回收利用、分散稳定性差等问题，使其在实际中难以商业化应用。

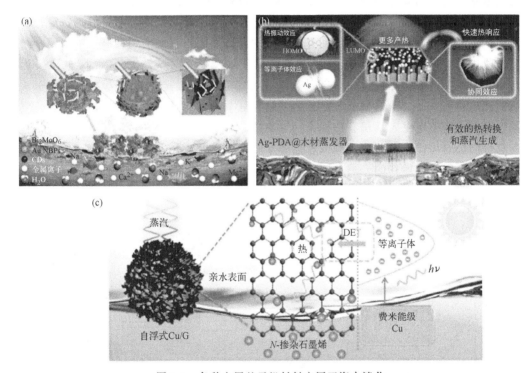

图 1-1　各种金属基无机材料应用于海水淡化

金属材料是太阳能光热转换材料中良好的候选者。无论金属纳米粒子还是金属基复合材料，都已经以不同的形式用作了光热试剂。在一些金属纳米材料中会出现局域表面等离激元共振（LSPR）效应。LSPR 效应与材料形状、结构、尺寸等密切相关，因此近些年来人们致力于操纵其尺寸和形状，已经成功获得了具有各种结构的金纳米材料，如球、棒、笼和多面体等。人们将这类材料应用在很多光热实验中。

He 课题组利用光与纳米粒子的强耦合，将含有金纳米粒子（Au NPs）的等离子体纳米流体用于高效的太阳能所驱动的水蒸发。在模拟太阳能系统中，通过测量水的质量损失和系统温度变化，研究了金纳米粒子浓度和太阳能功率强度等影响太阳能蒸汽发生器的关键因素（见图 1-2）。在 10 个标准太阳光强度下，含有 $178mg \cdot L^{-1}$ Au NPs 的等离子体纳米流体的水蒸发性能最佳，效率达到 65%。此外，建立了等离子体纳米粒子的光热加热模型，数值结果显示了等离子体纳米粒子在短时间内从光吸收到热传导的光热转换过程。通过蒸汽产生实验和光热理论分析，发现气-液界面的局部加热是高效的太阳能水蒸发的主要原因。受皮肤蒸发的启示，Shang 课题组通过自组装过程在气-液界面生成了孔隙度约为 40% 的等离子体金膜。在实验中，利用高速摄像机和扫描电镜对等离子体金膜的微观结构和性质进行了研究，发现在气-液界面，金膜具有良好的光学透过性能。在蒸发的过程中，多孔金膜通过毛细作用将水泵入上层表面，在光照下产生局部等离子体热。计算显示，漂浮式系统中用于蒸发的热能是纳米流体系统的两倍多。为进一步减少主体水的热损失，Song 课题组选取热导率较低的无尘纸作为金膜的支撑基板。在持续 15min 光照后，裸金膜表面温度为 61℃，无尘纸基板的表面温度约为 80℃。由于表面粗糙，无尘纸的微尺度多孔结构可以增强光吸收并且增加蒸发表面积，更加有利于进行太阳能蒸发。更加重要的是，得益于无尘纸的支撑，金膜的机械稳定性有了很大的提高，便于多次使用和循环再利用。结合这些优点，以无尘纸作为支撑的金膜的蒸发效率达到了 77.8%，而裸金膜仅为 47.8%。然而，在实际应用中，金属基材料也面临着巨大的挑战。金属材料相对于常规的光热材料来说，价格偏高且制备工艺较为复杂，因此对其进行合理掺杂来降低成本；金属材料的蒸发效率仍有待提高，以实现应用于大规模的水蒸发过程；金属材料还有可能会对海洋生态造成污染或者被海水腐蚀。因此，开发出低成本、高生物相容性、高太阳能转换效率的光热材料是十分有前景的一项工作。

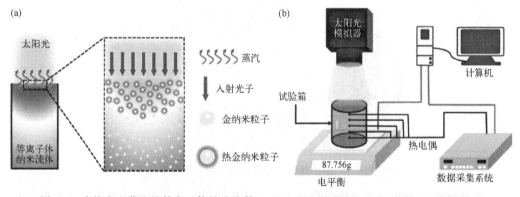

图 1-2　直接产生蒸汽的等离子体纳米流体（a）和太阳能蒸汽发生实验装置示意图（b）

金属基光热材料的光热产生机制主要是通过局域表面等离激元共振效应实现的。当入射光频率与金属纳米粒子表面自由电子的振荡频率一致时，在光的诱导下就会触发电子的集体振荡行为而产生热电子，热电子会与入射的电磁场形成共振产热现象。另外，这种集体振荡能够将光限制于亚波长尺度范围内，增强光热转换。这类金属纳米材料因为其优秀的光热转换能力以及结构多样性已经被广泛应用于光热转换。

Du 等构建了一个特殊的功能性纳米球，它的内部核心由二氧化硅组成，制备过程见图 1-3（a），结合双金属 Fe-Co 和碳层的优势，获得的纳米球可以通过过氧单硫酸盐（PMS）活化来降解污染物和产生太阳能驱动的界面光热水蒸发。实现界面水蒸

发速率为 $1.26kg \cdot m^{-2} \cdot h^{-1}$，效率为 76.81%。Wu 等通过一步水热合成用 MoS_2 纳米花装饰三维松果来设计新型太阳能驱动净水装置，以产生清洁水。装饰的 MoS_2 纳米花不仅可以提高太阳能光热转换效率，还可以通过光催化降解作用分解水中的大量有机污染物。如图 1-3(b) 所示，蒸发器独特的垂直排列的通道和螺旋排列鳞片，不仅可以将大量水分向上转移到蒸发面上，还可以吸收更多来自不同入射角的太阳光，在太阳光照射下实现废水的太阳热蒸发和光降解。所得到的具有原位修饰的 MoS_2（HPM）蒸发器表现出 $1.85kg \cdot m^{-2} \cdot h^{-1}$ 的高蒸发速率，在 1 个标准太阳光强度下，光热转换效率高达 96%。在太阳能驱动的水净化过程中，HPM 还能光降解亚甲基蓝和罗丹明 B 有机污染物，去除率分别为 96% 和 95%。

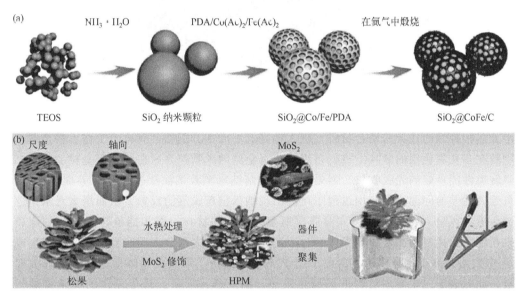

图 1-3　(a) $SiO_2@CoFe/C$ 纳米球的合成路径；(b) 天然松果组成的三维多孔结构示意图，以及太阳能热蒸发水和光催化降解污染物的 HPM 装置的制备

Wang 等报告了原位聚合的 $Fe_2O_3@PPy$/壳聚糖水凝胶作为轻质蒸发结构，用于盐水溶液（3.5%，质量分数）下的太阳能蒸发，如图 1-4 所示。$Fe_2O_3@PPy$/壳聚糖水凝胶的聚合物网络建立在交联的大孔水通道中，具有自浮性和宽光谱的太阳能吸收能力（96%）。与其他碳基蒸发结构相比，蒸发器可以实现的有效水蒸发速率为 $1.80kg \cdot m^{-2} \cdot h^{-1}$。计算得到太阳能光热转换效率为 91%。值得注意的是，由于 $Fe_2O_3@PPy$/壳聚糖的阳离子聚合物网络，黑色水凝胶表层在一次太阳辐照下储存了足够的热能（$39.6℃$）。这类金属离子参与的光热转换材料显示出优异的光热性能。

金属基纳米粒子的表面等离子体共振局域发热效应，是由于金属纳米粒子表面电子的固有频率与太阳的入射光频率相匹配时，会引起光子与电子的共振，使金属基纳米粒子内部大量可移动电子发生等离子体共振，从而产生极高的热量。具有较强等离子体共振局域发热效应的金属基纳米粒子一般为贵金属，如金和银。其中，金具有更强的光热转换性能和良好的结构可塑性，能够与其他金属材料或有机物材料复合制备

图 1-4 用于太阳能驱动海水淡化的交联分子蒸汽输送模式的
原位聚合 Fe_2O_3@PPy/壳聚糖水凝胶示意图

出光热转换性能优异的复合材料,极大地降低了成本。例如,有科研工作者将金纳米颗粒在多孔氧化铝的薄膜上进行自组装或将金属纳米颗粒涂覆在纤维素基材上得到光热转换性能良好的光吸收体。但是这种金属基纳米颗粒的涂层技术存在界面牢度低、可延展性差的问题,在使用过程中可能出现纳米颗粒脱落的现象,从而增大对水体造成污染的风险。具有电子-空穴对非辐射弛豫效应的材料一般为能量带隙较窄的金属氧化物半导体材料。这种半导体经过太阳光辐照后,大部分太阳能会被吸收并产生电子-空穴对,高于半导体带隙的电子-空穴对会通过声子形式的非辐射弛豫向外释放能量,此时表现出半导体材料的局域化发热,温度迅速上升。若半导体的能量带隙较宽,那么吸收的太阳能会通过光子形式的辐射弛豫释放出来,其光热转换能力较弱。目前窄带隙半导体材料在实际应用过程中同样存在刚性大、力学强度差等缺点。

1.1.2 无机半导体材料

半导体光热材料种类多、性能好、成本低、光吸收能力强。得益于其能带可调和本征的产热能力,半导体光热材料在太阳光驱动的光热转换领域得到广泛应用,一度成为热点研究话题。具有缺陷结构的半导体光热材料的光热机制类似于金属纳米光热材料表面的局部等离子体共振效应,缺陷造成表面载流子发生迁移。当材料受到光照时,其电子-空穴对会被能量相近的光子激发,电子由激发态跃迁到低能级态时会以非弛豫辐射的热能释放。因此,通过对半导体光热材料的带隙能量调控,可以实现半导体材料对太阳光的宽光谱吸收。

例如,Sun 等通过一种简单的方法,实现从 WO_3 到亚化学计量 $WO_{2.9}$ 的半导体-准金属的转变,使得带隙变窄,费米能量转移到传导带,同时保持高结晶度,见图 1-5(a)。所得的 $WO_{2.9}$ 纳米棒在整个太阳光谱上具有很高的总吸收能力(约

90.6%）以及显著的光热转换能力，在太阳光照射下产生高达86.9%的转换效率和约81%的水蒸发效率。同时，纳米棒在抗癌光热治疗方面的潜力也得到了证明，在单波长近红外光照射下，纳米棒具有较高的光热转换效率（约44.9%）和较高的肿瘤抑制率（约98.5%）。这项研究开辟了一条从成熟的氧化物中生产高性能光热材料的可行路线。

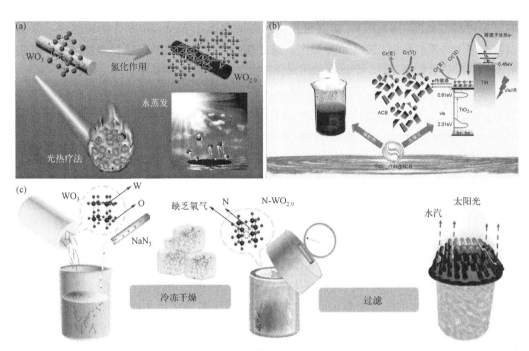

图 1-5　（a）$WO_{2.9}$ 纳米棒的合成和光热应用示意图；（b）TiO_{2-x}/TiN@ACB 复合材料
用于在可见光/红外光照射下同步光催化 Cr(Ⅵ) 还原和水光热蒸发示意图；
（c）N-$WO_{2.9}$ PTMs 膜的超快速原位合成

Zakaria 等设计合成了一种新型黑色氧化钛/等离子氮化钛@活性椰子生物炭（TiO_{2-x}/TiN@ACB）复合材料，被用于光催化和光热水蒸发。如图 1-5（b）所示，黑色 TiO_{2-x} 的中间态、TiN 的等离子体效应和生物炭的高电子（e^-）容量分别增强了带隙变窄、光吸收扩展和载流子分离。黑色二氧化钛通过光子光谱的可见光部分实现等离子 TiN 敏化，这解释了 e^- 通过有效激发和转移在光催化机制中所证明的主要作用。得益于黑色光催化半导体和碳材料的光子利用和高效光热转换，复合材料在可见光/红外光照射下也表现出显著的水蒸发能力。TiO_{2-x}/TiN@ACB 复合材料在红外和可见光照射下，Cr(Ⅵ) 的光催化还原率分别为 92.8% 和 89.7%，水蒸发效率分别高达 92.9% 和 51.1%。Yang 等通过超快一步式 NaN_3 爆燃方法合成了具有氧空位和 N 掺杂的 N-$WO_{2.9}$ 光热材料。爆燃产生 Na 团簇和 N 自由基，前者起还原剂的作用，捕获 WO_3 中的部分 O；后者部分掺杂在晶格中，引起从 WO_3 到 N-$WO_{2.9}$ 的相变，并导致带隙变窄。改性材料显著提高了太阳能吸收和光热转换，特别是在可见光和近红外光中。因此，N 掺杂的 $WO_{2.9}$ 纤维素纸光热膜具有 $1.45 kg \cdot m^{-2} \cdot h^{-1}$

的极佳水蒸发速率，在一个标准太阳光强度下83.1％的稳定效率以及优异的脱盐能力，见图1-5(c)。

Wang课题组合成了一种半导体光热材料Ti_3C_2。通过液滴测量，生成的亲水性Ti_3C_2实现了100％的光热转换效率。然后，将得到的Ti_3C_2通过真空辅助过滤的方法沉积在PVDF膜上，并与PDMS接枝使其浮在水上。在1个标准太阳光强度下，界面蒸汽产生效率达到84％（使用10mg Ti_3C_2样品），证实了Ti_3C_2是一种有前景的光热材料（见图1-6）。Fan课题组采用水热法合成了MoS_2/C复合结构材料，并通过静电作用将该材料沉积在PU海绵上。通过精心设计的非接触式蒸发系统结构，成功地改善了对热量的利用。1个标准太阳光强度下的最佳蒸发速率为$1.95kg \cdot m^{-2} \cdot h^{-1}$，光热转换效率达到94％。此外，该$MoS_2/C$复合材料是一种有效的除汞剂，因为$MoS_2$中的硫与$Hg^{2+}$之间存在很强的相互作用。

Jiang课题组通过原位硫化泡沫镍（NF），设计并制备了一种具有垂直排列Ni_3S_2纳米片阵列的多功能黑色半导体泡沫结构。所制备的Ni_3S_2/NF具有分层多孔结构、高效的太阳能捕获能力和超亲水表面，可以有效地输水和进行局部加热。利用这些结构和光热特性，Ni_3S_2/NF在1个标准太阳光强度下获得了高达1.29 $kg \cdot m^{-2} \cdot h^{-1}$的水分蒸发速率和87.2％的光热转换效率，并具有良好的稳定性。此外，Ni_3S_2/NF还可以作为通用的太阳能净水系统获得饮用水，可以有效提取各种水源（海水、河水、强酸/碱性水和有机染料废水）用于清洁水生产。更重要的是，利用热电组件作为热绝缘体，实现了太阳能蒸发过程中的协同发电，在1个标准太阳光强度下最大输出功率密度为$0.175W \cdot m^{-2}$。即便半导体类光热材料在太阳能光热转换领域有着突出的表现，然而仍然存在很多问题。在调节光吸收方面，需要缩小带隙宽度和调节材料结构组成，但是技术难度较大；在水蒸发过程中，半导体材料的疏水性质可能会降低水的蒸发速率；考虑到水输送问题，半导体材料需要选择有效的载体材料，才能更好地抑制热损失和增强水传输，但是目前仍然缺乏对半导体材料载体的研究。

图1-6　一种由Ti_3C_2组成的新型二维光热材料

Zhang等在烯胺（OM）中通过加热$Cu(NO_3)_2$前驱体与正十八烷（ODE）合成

了 Cu_7S_4。在 OM 中改变 ODE 的加热温度可以得到圆盘状和球形的 Cu_7S_4 纳米晶体，由于各自的光吸收能力而表现出不同的光热转换蒸发性能。Huang 的团队报道了纳米笼形式的黑色二氧化钛用于太阳能驱动海水蒸发淡化系统（图 1-7），将黑色二氧化钛与聚偏氟乙烯（PVDF）混合，形成 $5cm^{-2}$ 的可漂浮薄膜，用于太阳能驱动海水蒸发淡化系统。该系统以真实海水样品为储水器，具有良好的循环性能。经过淡化后，该体系中 Na^+、K^+、Mg^{2+}、Ca^{2+} 和 B^{3+} 的含量显著降低。此外，Zada 等以长角甲虫鞘翅鳞片为灵感合成了仿生黑色 TiO_2，利用黑色 TiO_2 薄膜太阳能光热转换水蒸发体系获得了 77.14％ 的太阳能水蒸发效率。通过采用增加氧空位、表面缺陷和表面紊乱的策略来提高黑色 TiO_2 的吸收范围，采用黑色 TiO_2 与 PVDF 质量比为 1：1 混合制备柔性黑色 TiO_2 薄膜，薄膜厚度控制在 $20\mu m$，最终该薄膜光吸收范围为 250～2500nm。同样，Liu 等提出了蛾眼状纳米结构黑色二氧化钛用于太阳能光热海水蒸发淡化。由于蛾眼状纳米结构的光学抗反射特性，在全光谱中实现了 96％ 的优异光吸收。虽然半导体类光热材料在光吸收上有着优异的表现，但是应用之中仍然存在很多问题。在水蒸发过程中，半导体材料的疏水性质会降低水的蒸发速率；半导体材料需要负载到有效的载体才能解决水的快速输送，而且已知的负载加工工艺复杂，成本巨大。这些问题都限制了半导体光热材料的应用。

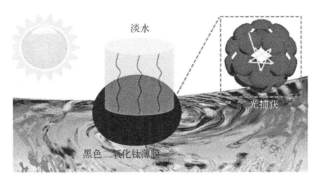

图 1-7　黑色二氧化钛纳米笼/PVDF 薄膜用于光热水蒸发

除了以上的半导体光热转换材料以外，还有常见的磁性纳米颗粒材料，例如 Fe_3O_4 等也具有较强的太阳光吸收能力，用于太阳能光热转换领域。

1.1.3　碳基材料

碳基光热材料由于其本身的特性，具有宽光谱吸收范围，往往具有优异的太阳能吸收能力以及环境稳定性。到目前为止，在该领域已经发现了几种碳基光热材料，如活性炭、纳米多孔碳、还原氧化石墨烯（rGO）、氧化石墨烯（GO）、碳纳米管（CNT）、碳点（CDs）等。

2021 年，吴卫平课题组成功实现了纳秒激光在生物质成型多孔碳表面直接制备图案化三维多孔石墨烯，并对其光热局域性界面蒸发进行了系统研究。纳秒激光在成型多孔碳表面扫描，使碳材料升华，形成了具有纳米结构的多孔石墨烯阵列，同时制备了太阳能光热蒸发体，实现了宽光谱吸收。在标准太阳光强度下（$1kW \cdot m^{-2}$），其水蒸发速率为 $1.74kg \cdot m^{-2} \cdot h^{-1}$，太阳能转化效率高达 98.7% [图 1-8(a)]。

苏州大学的王珍珍等通过在微孔衬底上负载纳米碳点，设计了一种纳米到微米级的耐用碳点蒸发体，该蒸发体充分利用太阳能和环境中的额外热量，在 1 个标准太阳光强度下，其蒸发速率高达 $2.31kg \cdot m^{-2} \cdot h^{-1}$。负载 CDs 的蒸发体在保持良好性能的同时，由于其与纤维素之间较强的界面黏附性而表现出极好的变形容忍性，可以弯曲、折叠、扭曲甚至超声处理，没有明显的损伤，极大地方便了包装和运输。最后，利用其优异的力学性能，通过折纸制作了具有毫米尺度三维结构的蒸发体，在 1 个标准太阳光强度下达到了 $2.93kg \cdot m^{-2} \cdot h^{-1}$ 的高蒸发速率 [图 1-8(b)]。

朱英杰课题组研制了一种新型双层气凝胶，其是由亲水性超长羟基磷灰石（HAP）纳米线气凝胶和疏水碳纳米管（CNT）涂层组成，是一种高效的太阳能光热净水自浮蒸发体。具有低热导率的亲水性和高孔隙率的 HAP 纳米线气凝胶确保了出色的热管理和高的水蒸发率，而碳纳米管涂层可以实现高效的太阳能吸收和能量转换。所制备的 HAP/CNT 双层气凝胶具有低导热性和高亲水性的结构优点，在功率密度为 $1kW \cdot m^{-2}$ 的太阳光照射下，水蒸发速率高达 $1.34kg \cdot m^{-2} \cdot h^{-1}$，蒸发效率高达 89.4% [图 1-8(c)]。

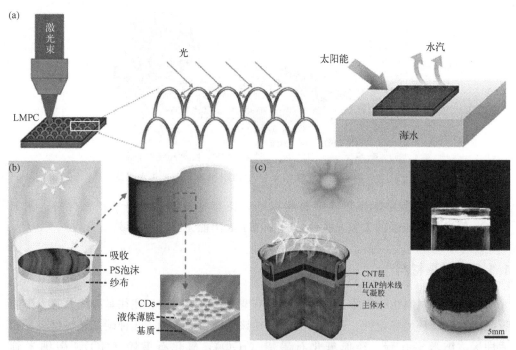

图 1-8　各种碳基无机材料应用于海水淡化

Zhang 等制备了氧化石墨烯气凝胶/PS 泡沫/棉签杂化体系，使用冷冻干燥工艺制备了孔隙密度巨大的分散氧化石墨烯气凝胶 [图 1-9(a)]。运用激光还原法处理氧化石墨烯，而非传统的热退火，使表面基团和缺陷同时恢复，提高了体系的亲水性和绝热性。在 1 个标准太阳光强度下，该蒸发材料的水蒸发速率为 $1.78\text{kg} \cdot \text{m}^{-2} \cdot \text{h}^{-1}$，蒸发效率为 91%。此外，基于碳纳米管具有几何和拓扑结构，它们可以用来构建立体的三维网络。Ma 等使用单壁碳纳米管作为线，构建了立体互穿网络，将其煅烧后形成的分层多孔碳膜作为太阳能吸收层［图 1-9(b)］。层状而松散的内部结构保证了垂直方向上的低热导率，提高了面内热导率，更加利于水蒸气的传输。近年来，木材也是光热碳基材料的研究热点，主要是由于其丰富的通道结构（木质部导管、树干和树枝内的管腔）、良好的可加工性和成本效益。典型的设计路线是通过表面碳化或引入表面涂层来构造双层结构。木材的碳化过程被证明能够保留木材的天然孔隙，有利于水分向上层光热层的运输。Hu 等将椴木表面碳化为无定形碳，与下部木材形成双层结构。下层未碳化部分的亲水性木材内部密集的通道提高了抽水能力，而木材固有的低导热性能能够避免热量的扩散。上层黑色碳化部分作为高效的太阳吸收器（对太阳光的吸收≈99%）。在海水条件下的水蒸发试验中，在 10 个标准太阳光强度下，系统的蒸发速率大于 $12.2\text{kg} \cdot \text{m}^{-2} \cdot \text{h}^{-1}$，效率≈90%。

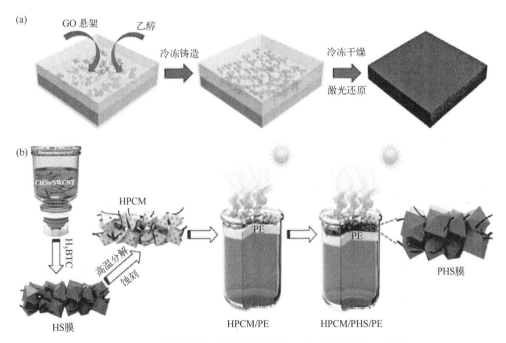

图 1-9 （a）三维石墨烯气凝胶的制备过程及组装体系示意图；
（b）碳纳米管立体泡沫体系制备工艺示意图

而碳基转换材料因为其来源的不同又可分为生物质碳基光热转换材料和非生物质碳基光热转换材料。

近年来，生物质碳基光热转换材料因为其容易获得、对环境无污染、高效光热转换能力而得到人们的青睐。例如玉米、树木、竹子等经过碳化或者基团修饰后可以得到具有宽光谱吸收能力的多孔光热材料。这些生物质材料本身具有高孔隙率或者含有丰富的管状纤维，在经过处理后仍然可以保存原有的结构，可以在太阳光驱动的水蒸发实验上确保连续水分的输送，持续蒸发。另外，这类生物质材料在自然界中广泛存在，比较容易获得，大大降低了材料的制备成本。Wu 等基于光路轨迹设计了一种竹叶衍生的碳基蒸发器。将竹叶定向排列，进行碳化处理，最后经聚丙烯酰胺改性就可以延长光路，增加吸光面积，从而达到优异的光热转换效果，见图 1-10(a) 和（b）。此外，在垂直碳化竹叶之间的聚丙烯酰胺水凝胶的主要作用是实现高速的水传输以及缩短蒸发的路径。因此，该蒸发器表现出优异的光吸收率（可以达到 96.1%），用于水蒸发实验中可以达到良好的水蒸发速率（1.75kg·m^{-2}·h^{-1}），在 1 个标准太阳光强度下，太阳能蒸发效率为 91.9%。Zhang 等将锑掺杂氧化锡（ATO）负载到甘蔗中，然后碳化以获得复合太阳能蒸发器 CS@ATO，见图 1-10(c)。其太阳光吸收率为 99%，太阳能水蒸发速率为 1.43kg·m^{-2}·h^{-1}，效率为 95.3%。CS@ATO 在废水修复和海水淡化方面也表现出了耐久能力。

利用碳基生物质材料的结构，将其加以提炼、简化、修饰后，使材料的原始结构可以保留，在丰富的毛细管结构中实现连续的水运输以及高效的光热转换能力，从而得到高效的水蒸发速率。然而，考虑到实际的海水蒸发应用，受到海水中盐分的侵蚀和蒸发过程中的盐堆积影响，存在溶解性差、回收利用难、蒸发体不稳定等问题。生物质碳基光热材料的结构在耐久性和重复利用性能方面容易受到影响，进而产生支撑结构腐烂或者修饰材料脱落这些问题，难以在实际应用中商业化。因此，碳基生物质材料应用于海水淡化还有待进一步研究。

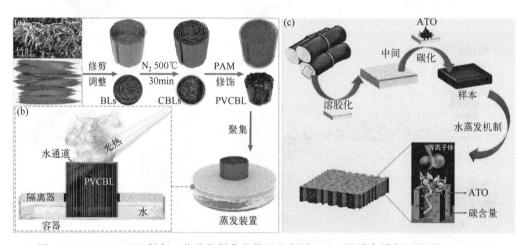

图 1-10 （a）PVCBL 制备工艺及定制蒸发装置示意图；（b）该设备横断面的详细示意图；
（c）CS@ATO 的制备过程和太阳能驱动界面水蒸发原理图

在非生物质碳基光热转换材料中，碳材料的阵列、孔隙和分层纳米结构被设计用来减少反射能量的损失。这些纳米结构增加了光路的长度，使光更容易在材料中多向散射。同时，当纳米结构的尺寸缩小到接近太阳照射波长的 100nm 时，入射光可以在材料内部发生折射，增强光的热转换率。石墨烯基光热转换材料应用较为广泛。主要是因为石墨烯优秀的光热转换能力、良好的稳定性和结构易修饰性。石墨烯是一种典型的碳基材料，对紫外到近红外的太阳光具有很强的吸收能力，其不能被光子激发产生载流子，但可将光子能量转化为热能，即光热效应。不仅如此，这类材料的比表面积大，热导率和质量在设计合成过程中都是可控的，是用于高效水蒸发技术中的理想光热材料。

Chhetri 等优化了石墨纳米薄片（GnF）/聚二甲基硅氧烷（PDMS）纳米复合材料（GnF/PDMS）的配比，通过在聚氨酯（PU）泡沫上浸涂 GnF/PDMS 开发了一种可漂浮的界面水蒸发器，如图 1-11(a) 所示。1%（质量分数）GnF/PDMS 的涂层 PU 产生的蒸发速率为 1.14kg·m^{-2}·h^{-1}，1 个标准太阳光强度下太阳能-蒸汽转换效率为 68.2%。Li 等设计了一种具有垂直和径向通道的中央空心圆柱形还原氧化石墨烯（rGO）泡沫作为太阳能蒸汽发生装置，用于高效的水蒸发和净化，见图 1-11 (b)，实现了 2.32kg·m^{-2}·h^{-1} 的高水蒸发速率，在 1 个标准太阳光强度下具有 120.9% 的高能量转换效率。

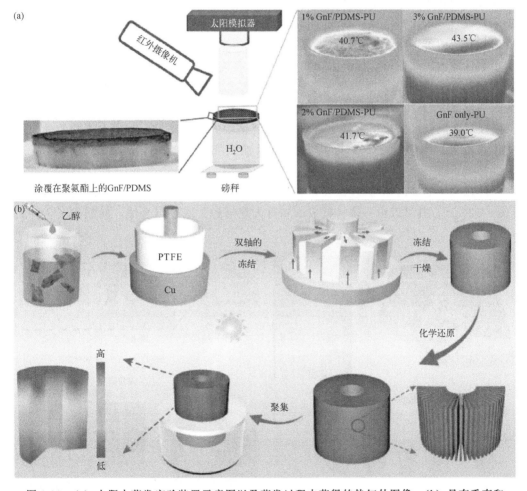

图 1-11 （a）太阳水蒸发实验装置示意图以及蒸发过程中获得的热红外图像；（b）具有垂直和径向对齐的多孔通道和中央空心圆柱体的 VR-rGO 泡沫的制备示意图

这类非生物质碳基光热材料可以实现高效的光热转换能力，用以构建的水蒸发器件的水蒸发速率也是可观的。这类材料结构可调、出色的光热转换能力以及较好的水传输特性导致其表现出优异的水蒸发性能。

1.1.4 有机材料

1.1.4.1 有机聚合物材料

常见的太阳能光热转换材料还包含了有机聚合物类，其具有宽光谱吸收范围和良好的亲水性，可促进水分快速蒸发。近年来，聚吡咯（PPy）、聚多巴胺、基于聚乙烯醇的分级纳米凝胶（HNG）等几种聚合物已被用作高效太阳能蒸发的太阳能光热转换材料，但目前依然存在种类少、稳定性较差等问题，难以商业化。

2017 年，Srikanth Singamaneni 团队等首次引入了一种灵活、可扩展且完全可生物降解的光热蒸发体，用于高效太阳能蒸汽发电［图 1-12(a)］。该双层蒸发体由细菌纳米纤维素（BNC）组成，BNC 在其生长过程中密集装载聚多巴胺（PDA）颗粒。此研究介绍的可生物降解光热蒸发体具有较大的光吸收、光热转换、热定位和高效的水传输性能，因此在一个标准太阳光强度下具有优异的太阳能蒸发效率（$\eta \approx 78\%$）。

2018 年，余桂华课题组展示了一种基于聚乙烯醇（PVA）和聚吡咯（PPy）的分级纳米凝胶（HNG）制备的独立太阳能蒸汽发生器［图 1-12(b)］。经过太阳能光热转换后的能量可以被用来就地驱动 PVA 网络中的水分蒸发，其中水凝胶的骨架促进了水蒸发。漂浮的 HNG 样品在 1 个标准太阳光强度下，其水蒸发速率高达 $3.2 \mathrm{kg \cdot m^{-2} \cdot h^{-1}}$。

2019 年，D. E. Fan 教授课题组报道了一种基于聚吡咯（PPy）折纸的光热材料［图 1-12(c)］。其可以由一步、低成本和可大规模的方法进行合成。并制作了一种新

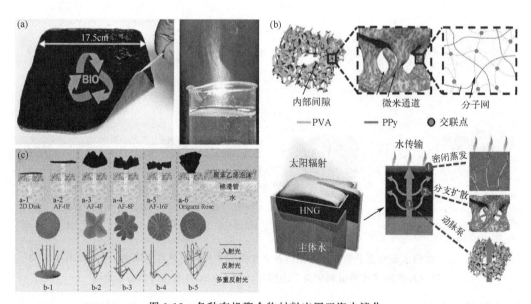

图 1-12　各种有机聚合物材料应用于海水淡化

颖的便携式低压控制太阳能蒸汽系统，该系统在水蒸发和收集方面提供了协同的高速率。由于增大了蒸汽散热面积，聚吡咯折纸的水蒸发速率比平面结构提高了至少71%，达到了 $2.12\text{kg} \cdot \text{m}^{-2} \cdot \text{h}^{-1}$，在 1 个标准太阳光强度下表现出 91.5% 的光热转换效率。

Li 等通过引入垂直 π 扩展的强受体单元，合成了共轭聚合物 E-DTP 与 E-T，两者均表现出较高的光热转换效率，前者为 58.2%，后者为 50.3%，通过将油溶性 E-T 浸渍在亲水性三聚氰胺海绵（MFS）表面作为光热材料，该蒸发器具有 2.10 $\text{kg} \cdot \text{m}^{-2} \cdot \text{h}^{-1}$ 的高蒸发速率，在 1 次太阳照射下的太阳能蒸发效率为 86.9%。如图 1-13 所示，Zhao 等在聚乙烯醇（PVA）水凝胶上加载聚吡咯（PPy）纳米带，构建了一种新型太阳能蒸发器。PPy 纳米带具有 98.3% 的高太阳能吸收率，当用 PVA 水凝胶与大量水绝缘时，局部太阳能热效率为 82.5%。多孔 PVA 水凝胶和亲水性 PPy 纳米带实现了高效的三维水传输。利用水-能量关系中的协同效应，该水凝胶蒸发器在 1 个标准太阳光强度下，具有 $2.26\text{kg} \cdot \text{m}^{-2} \cdot \text{h}^{-1}$ 的高水蒸发速率。Peng 等受蛾眼表面纳米级抗反射结构的启发，报道了一种用于太阳能光热水蒸发的光热膜的仿生设计，该膜由疏水性聚偏氟乙烯（PVDF）微滤膜表面与垂直排列的聚苯胺（PANI）纳米纤维层组成。垂直排列的聚苯胺纳米纤维层拥有出色的光捕获能力，在太阳光谱的紫外-可见光范围内具有 95% 的高光吸收率。在 1 个标准太阳光强度下的水蒸发速率为 $1.09\text{kg} \cdot \text{m}^{-2} \cdot \text{h}^{-1}$，相应的太阳能水蒸发效率高达 74.15%。

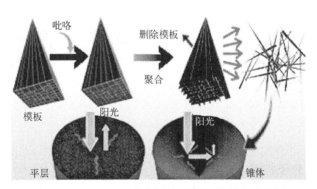

图 1-13　PVA/PPy 气凝胶光热蒸发器制备过程图

在王晓东小组的研究工作中，共轭黑色聚合物 PPy 被用作光热材料。由于 PPy 本身具有疏水性，因此可将其涂覆在不锈钢网上并置于气液界面上。在 1 标准太阳光强度下，转换效率达到 58%，与使用金基或碳基光热材料的系统相当。这项研究的一个显著特点是疏水性聚丙烯酰基光热薄膜的自修复特性，这有助于实现长效的界面太阳能蒸发应用。受天然植物蒸腾过程的启发，刘晓东研究小组开发了一种基于木材-多巴胺的光热结构，用于界面太阳能蒸汽发电。由此产生的木材-多巴胺结构符合高效太阳能蒸汽发电的所有标准，包括多巴胺的强光吸收和快速光热转换促进蒸汽的快速产生；木材具有自浮特性，水蒸发可直接在气液界面上实现；系统的低导热性抑制了系统的散热；木材的超亲水性和垂直排列的通道确保了水向蒸发表面的持续输送。在高强度辐射下，该系统可在木材表面产生强烈的蒸发，同时实现高效的蒸汽发电。为了进一步抑制热损失，Xu课题组开发了一种油灯式太阳能水蒸发系统（见图1-14）。这种设计还将蒸发面与主体水在空间上分离，使主体水的热损失大大减少，太阳能蒸汽发电的效率很高。以往报道的分离表面设计通常至少包括两个功能部分（即光热表面和水路径），与之不同的是，这项工作使用一个单一的部分（棉线）来实现这两个功能。将一根一端碳化并涂有PDA的棉线作为太阳能蒸发体材料和蒸发表面，另一端浸入主体水中，通过灯芯效应向蒸发表面供水。从温度分布可以看出，这种空间分离的结构有效地抑制了热损失。油灯式蒸发系统的温差较大（约45℃），说明产生的热量主要集中在上表面进行蒸发。在1个标准太阳光强度下，蒸发速率为 $1.55\,kg \cdot m^{-2} \cdot h^{-1}$。海水蒸发实验表明，所收集蒸汽的盐度仅约为 $0.31\,mg \cdot L^{-1}$。共轭聚合物表现出灵活的结构设计与高光热转换效率，但是材料组分配比对光热性能影响大，不易大量生产，且缺乏长期使用稳定性能，能否进一步大规模推广尚需要进一步研究。

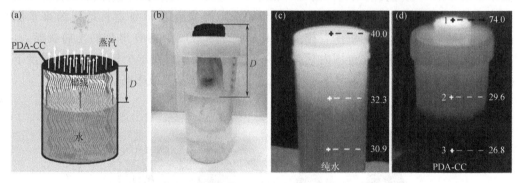

图1-14　油灯式太阳能水蒸发系统示意图（a）和对应的实际太阳能蒸汽发生系统光学图像（b）；纯水系统（c）和PDA-CC灯式蒸发系统（d）在5个标准太阳光强度下30min后温度分布红外图像

1.1.4.2　有机小分子材料

到目前为止，各种高效的光热材料已被开发出来，主要集中在碳基无机材料、金属基无机材料和有机聚合物材料。值得注意的是，无机碳和贵金属等光热转换材料由于不易加工、溶解性差、成本高等问题，其实际应用受到限制。与丰富的无机光热材料相比，在宽光谱范围内同时具有稳定性的有机小分子光热材料提供了另一种良好的选择。这些小分子具有优异的光热转换能力和生物安全性，因此最初常被用于光动力肿瘤治疗、生物成像和传感。以有机小分子为基础的光热材料，在柔性、结构多样和修饰方面都具有独特的优势，目前主要在生物医学方面有深入的研究，在太阳能光热转换方面的研究报道较少。

唐本忠院士团队和北京化工大学顾星桂教授课题组利用具有近红外吸收的克酮酸（CRs）单元的双自由基和介离子之间的电子共振式结构的特点，设计了一种稳定的藏红花衍生物 CR-TPE-T（图 1-15）。其具有独特的双自由基性质和较强的固态 π-π 堆积，不仅有利于在 300～1600nm 范围内获得有效的太阳能吸收，而且还可以通过促进非辐射衰减实现高效的光热转换。在 808nm 激光照射下，其光热效率为 72.7%。在此基础上，成功建立了基于 CR-TPE-T 的界面加热蒸发系统，在 1 个标准太阳光照射下获得了高达 87.2% 的蒸发效率和 1.272kg·m^{-2}·h^{-1} 的水蒸发速率，为有机小分子光热材料在太阳能利用中的应用迈出了重要的一步。

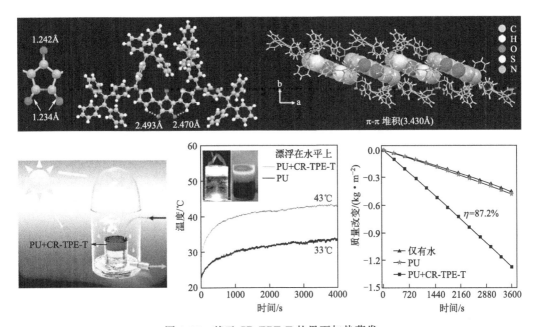

图 1-15　基于 CR-TPE-T 的界面加热蒸发

1.1.4.3　有机供体-受体（D-A）型材料

D-A 型共轭结构材料体系，供体和受体之间存在强烈的相互作用，供体的高能级和受体的低能级发生杂化，HOMO 和 LUMO 有效分离，导致染料的能隙变窄使光吸收波长向长波方向移动，所以科研人员开发了基于 D-A 型结构的高效有机光热材料，分子结构如图 1-16 所示。D-A 型结构材料，需设计强吸电子能力的受体基团构筑体系，进而增强分子内电荷转移（ICT）效应，吸收光谱红移才可能到达长波光区。如北京化工大学尹梅贞教授课题组以苝酰亚胺为受体，仲胺为供体构建 D-A 型共轭小分子，聚集态光吸收边带达到 800nm，660nm 激光照射下光热转换效率达 43%。天津理工大学陆燕教授和南开大学陈永胜教授课题组以丙二腈取代的茚二酮为受体，环戊二烯并二噻吩为供体构建 A-D-A 型共轭小分子，聚集态光吸收边带达到 950nm，在 808nm 激光照射下光热转换效率为 36.5%。新加坡南洋理工大学的王明峰教授等以苯并双噻二唑为受体，烷基噻吩为供体构建 D-A 型共轭小分子，聚集态吸收光谱边带达到 1000nm，在 808nm 激光照射下具有较高的光热性能。

北京化工大学顾星桂教授和香港科技大学唐本忠教授课题组以克酮酸为受体，三

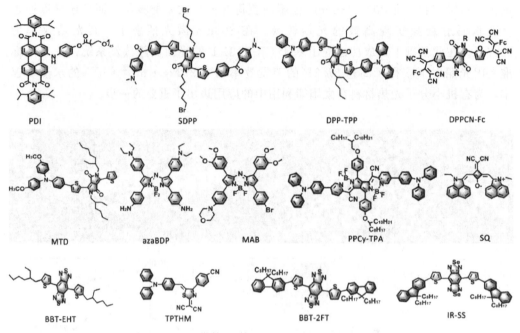

图 1-16　电子供体-受体型有机光热分子结构示意图

苯胺取代四苯基乙烯基为供体构建 D-A 型共轭小分子，聚集态光吸收边带达到
1600nm，在 808nm 激光照射下光热转换效率为 72.7％。所设计大部分 D-A 型有机
光热材料，随着受体基团吸电子能力的增强，聚集态光吸收波长有所红移，鲜有红移
到 1000nm 以上，但对长波光区吸收的光热材料结构设计提供了理论支持。

　　深圳大学王东教授、北京理工大学郑小燕教授、华南师范大学胡祥龙教授和香港
科技大学唐本忠教授课题组利用芳香胺和二氰基二吡嗪单元分别为电子供体、受体制
备了 D-A 型化合物，在 630nm 处有强的最大吸收，重组能计算结果表明，分子中吡
嗪单元内 C—N 键的伸缩振动对激发态能量的耗散起绝对作用，促进光热转化，在
633nm 激光照射下光热转换效率达到 51.2％。大连理工大学孙文教授与彭孝军教授
课题组通过在荧光分子 BODIPY 上引入可旋转的三氟甲基，分子内由于强吸电子三
氟甲基的引入，增强了 ICT 效应，使分子最大吸收波长红移至 810nm，此外，三氟
甲基的旋转会帮助分子内运动，从而猝灭荧光，在 808nm 激光照射下光热转换效率
达到 88.3％。然而，聚集态分子内运动促进光热转化研究在拓宽材料光吸收范围、
提高光热转换效率方面还有很大的提升空间，期望实现材料对太阳能长波光区的高效
利用。

1.2　光热转换的基本原理

　　光热效应是由光激发所产生的，将太阳能部分或全部转换成热能。贵金属、半导

体材料和碳基材料都存在这种效应。光热转换原理被分为三类，即等离激元局域加热、非辐射弛豫、热振动。

1.2.1　金属中的等离激元局域加热

在太阳辐射下，金属材料中的自由电子被激发到导带中能量更高的状态，称为带内跃迁。当入射光的频率与等离激元金属表面电子的振荡频率匹配时，金属表面就会产生共振，表面电子集体振荡大幅强化，即发生局域表面等离激元共振（localized surface plasmon resonance，LSPR）效应。这种局域表面等离激元共振效应导致三种现象，即近场增强、热电子产生和光热转换。等离激元光热效应的研究始于2002年，属于一种相对较新的研究领域，开始主要用于医学领域。当金属纳米颗粒被它们的共振波长的光照射时，等离激元协助的光热效应 [图 1-17(a)] 就会出现。这会导致电子云的振荡，电子从占据态激发到非占据态，形成热电子，受激热电子和伴随而来的电磁场相干，通过焦耳效应产生热量。这些热电子通过辐射或者电子-电子相互作用而衰变。衰变会重新分配热电子能量，导致局域表面温度的快速上升。接下来会发生平衡冷却，这是因为能量从电子传递到晶格声子。晶格被声子-声子耦合所冷却，热量耗散到周围介质中。产生的热量导致系统局域温度的升高。等离激元共振效应取决于很多因素，包括尺寸、形状、介电常数以及纳米颗粒间的库仑电荷。等离激元材料里的热载流子的能量由等离激元共振能量所决定。

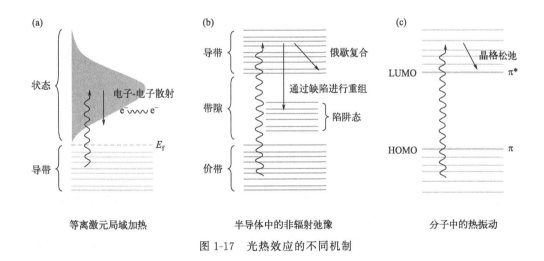

图 1-17　光热效应的不同机制

1.2.2　半导体中的非辐射弛豫

最近，低成本和无毒的半导体作为一种用于蒸发的光热材料而兴起。在半导体中，当能量接近于半导体能带带隙的光照射材料时，电子-空穴对产生。受激电子回到基态，电子-空穴对重组，能量被释放。能量有两种途径释放，一种是以光子的形式再辐射，另一种是以声子的形式非辐射弛豫。当能量以声子形式释放时，晶格会被局域加热，造成的温度分布与体相/表面重组或光学吸收特性有关。由于光学激发的载流子扩散和重组，温度分布导致光热效应产生［图 1-17(b)］。

1.2.3 分子中的热振动

很多碳基材料通过晶格振动吸收太阳能并将它转换为热能。大部分单一碳键，例如 C—C、C—H 和 C—O，在 σ 和 σ^* 之间的能量间隙很大，该能量对应于波长小于 350nm 的光。由于波长小于 350nm 的太阳光能量占太阳能总能量的比例很小，所以 σ 到 σ^* 的转变在太阳辐射下不能实现。相较于 σ 键，π 键的强度通常更弱，这是因为它结合电子的强度更弱。这些电子能够被更低的能量所激发，从 π 轨道跃迁到 π^* 轨道。最高占据分子轨道（基态）和最低非占据分子轨道（激发态）之间的能量间隙将随着 π 键数目的增加而降低。大量的共轭 π 键有利于电子几乎能被任何波长的太阳光所激发，这与各种各样的 π-π^* 转变有关，导致类石墨材料一般是黑色的。如图 1-17 (c) 所示，当入射光的能量与材料的电子跃迁所需的能量匹配时，电子吸收入射光，从基态跃迁到激发态。接下来，受激电子发生弛豫，其方式是电子-声子耦合，受激电子所吸收的太阳能转变为整体原子晶格的振动，宏观上表现为材料温度的上升。

1.3 光热转换材料的结构设计

太阳能驱动水蒸发系统的驱动力是太阳能，而太阳能的吸收和能量转换离不开光热转换材料的支持。除了上面讨论的光热材料的选择之外，材料的结构设计也尤为重要，包括 2D 平面结构和 3D 空间立体结构等。不同结构的光热材料对光的吸收率、水的传输速率以及能量利用效率均有较大影响。

1.3.1 光捕获表面的结构设计

当光热转换材料暴露在光照下时，材料表面首先接触阳光辐照并吸收太阳能，随后通过局域表面等离子体共振效应或分子的热振动等不同的光热转换机制，将太阳能转换为热能用于驱动水蒸发，所以太阳光的吸收是保证太阳能驱动水蒸发系统成功运作的第一个环节，对整个蒸汽生成过程来说至关重要。为了提高太阳能蒸汽的生成效率，许多研究人员致力于在光热材料表面制作不同的纹理或阵列以减少光向大气的反射。由菲涅耳方程可知，由于光热层的高折射率，其光吸收能力受到宽频带光反射的限制。正如我们所知，黑体是一个整体或一个表面，所有光子的能量在其上面都会被完全吸收且没有反射。类黑体的拓扑结构如锥形、胞状和阵列结构可以诱导多次光反射，从而提高光吸收能力。在自然界中，植物和动物已经进化出吸收阳光来保暖的生物结构，这些生物结构可以通过调整吸收面积和光的多重反射来提高光热转换性能，如无籽向日葵和犀角蜣螂的黑鳞片等。

如图 1-18(a) 所示，Wei 等受到无籽向日葵结构的启发设计了具有倒置金字塔拓扑结构的气凝胶来促进光在材料内部的多次反射，提高能量损失回收，从而实现木质素基气凝胶蒸发器优异的光-热转换性能。基于多孔结构内部的多次散射效应，Hong等制备了一种可展开的 3D 折纸太阳能蒸汽发生器，通过周期性的凹面结构可有效回收太阳能的热辐射和热对流损失 ［图 1-18(b)］。利用这种特殊的结构，可以最大限度地减少光热材料的表面光反射，从而有效提高太阳能蒸汽生成能力。此外，Shi 等设计并制作了具有 3D 树枝状表面微结构的 PVA/PPy 水凝胶膜 ［图 1-18(c)］，证实表面微结构的存在可以提高光吸收率，也为光热转换和水蒸发提供了较大的表面积，在 1 个标准太阳光强度下实现 $3.64\mathrm{kg \cdot m^{-2} \cdot h^{-1}}$ 的水蒸发速率。

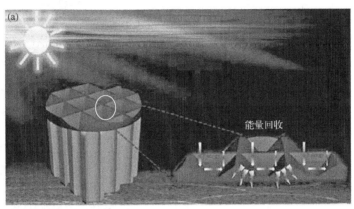

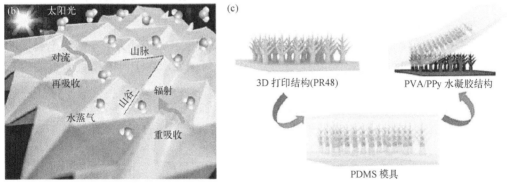

图 1-18　具有倒金字塔拓扑结构（a）、镶嵌结构（b）、微树阵列结构（c）的
蒸发器示意图

1.3.2　构筑垂直排列孔道

通过毛细作用将本体水快速输送到太阳能蒸发器的蒸发表面是高效界面蒸汽生成系统的重要工作，因此在材料内部构筑必要的水传输通道显得尤为重要。李伟等通过重复冻融法制备了一种具有无规多孔网络的聚乙烯醇水凝胶（PH）膜作为固态电解质，然后通过定向冷冻技术在无规的 PH 膜中构筑垂直排列孔道，在此过程中冰柱从PH 膜的底部向上垂直生长，将聚乙烯醇分子链排挤在众多冰柱之间，待冰柱融化后，得到具有垂直排列通道的水凝胶（APH）膜 ［图 1-19(a)］。随后在 APH 膜两侧

负载导电活性物质 PANI 作为电极来研究其电化学性能。从图 1-19(b) 的扫描电镜图可以看出，在定向冷冻之前，PH 膜呈现出杂乱无序的 3D 多孔网络，因此电解液中的离子在电解质内部的传输路径也是曲折的，这种结构显然会延长离子从一侧电极向另一侧电极的传递时间。但是经过定向冷冻后的 APH 膜呈现出众多孔径在 2～5μm 范围的垂直排列的通道［图 1-19(c)］，这些垂直孔道结构可以缩短离子传输路径，加快离子传输。

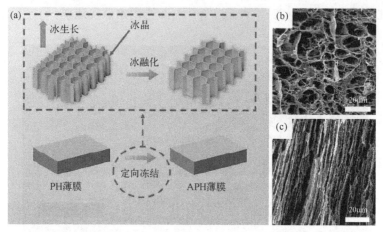

图 1-19 定向冷冻法制备 APH 膜（a）及 PH（b）和 APH（c）截面的扫描电镜图

为了研究离子在扩散过程中的阻力，图 1-20 展示了 APH-PANI 和 PH-PANI 超级电容器的奈奎斯特曲线。在高频区域中曲线与实轴上的截距即为两个超级电容器的等效串联电阻，均约为 5Ω。但在低频区域中曲线斜率表示离子向电极表面扩散的瓦尔堡阻抗，APH-PANI 的斜率比 PH-PANI 更大，表明离子在垂直排列通道内的扩散阻力更低，更有利于其电化学性能的提升，这也证明了垂直排列孔道通过缩短离子扩散路径，有效加快离子传输速率，在传质和传荷方面均起着积极作用。基于以上的

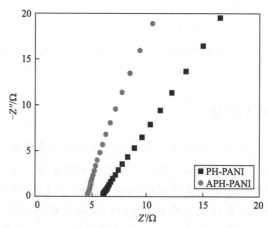

图 1-20 PH-PANI 和 APH-PANI 超级
电容器的奈奎斯特曲线

研究成果，我们推测，如果将定向冷冻技术运用到太阳能驱动水蒸发领域，在光热转换材料内部构筑垂直排列孔道，用于缩短水的传输路径，加快水的传输，或许会在蒸汽生成速率和光热转换效率方面发挥重要作用。

此外，同样的孔道结构在生物质材料中也有体现，它们由亲水性纤维素组成，具有大量的微/纳米通道，有利于水在里面的快速输送。在蒸腾过程中［图 1-21(a)］，树木可以从地面吸收水分，并通过垂直孔道将水输送到约 100 米的高度。Zhu 等将天然木材沿着树木生长方向进行切割，并对上表面进行碳化，设计了一种具有双层结构的水蒸发器。上面的碳化层可以有效地吸收太阳能并将太阳能转换为热能用于驱动水蒸发，下面的输水层可以通过内部的天然互联通道以及纤维素固有的亲水性将水分快速输送到蒸发表面［图 1-21(b)～(d)］。在 10 个标准太阳光强度下，该蒸发器成功从土壤中提取到地下水，实现 $11.2\mathrm{kg \cdot m^{-2} \cdot h^{-1}}$ 的水提取速率，使其在干旱环境中的应用成为可能。

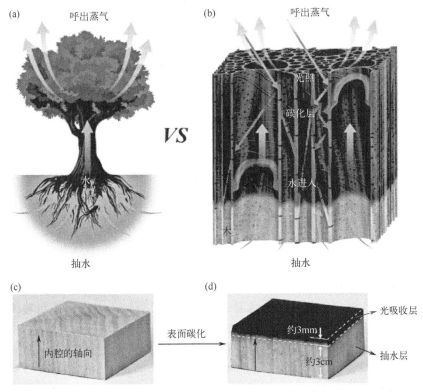

图 1-21　(a) 一棵树将水从地面输送到树梢以维持光合作用的示意图；
(b) 双层结构水蒸发器；(c)、(d) 表面碳化工艺

同样受树木内部微通道运输水的启发，Yu 等制备了一种具有垂直排列通道的水凝胶（TIH），并将过渡金属碳化物/碳氮化物（MXene）纳米片作为光吸收和光热转换材料。垂直排列通道的存在，可以实现水的快速传递和蒸汽的有效释放。为了更好地研究具有垂直排列微通道的 TIH 的太阳能蒸汽生成性能，设计了 MXene 膜

（MM）和具有无规网络的水凝胶（n-TIH）作为对照组，进行了水传输路径的对比。如图 1-22(a) 所示，MM 膜呈现出紧密的逐层堆叠结构，这种紧密堆叠的结构会对水蒸发性能造成两种不利影响：①MM 膜的紧密结构严重阻碍了水分子向空气/水界面的传递；②水分子与 MXene 膜之间的弱相互作用可能对水的蒸发焓影响较小，因此 MM 膜的水蒸发速率仅为 $1.21\text{kg}\cdot\text{m}^{-2}\cdot\text{h}^{-1}$，远低于 TIH 的水蒸发速率（$2.71\text{kg}\cdot\text{m}^{-2}\cdot\text{h}^{-1}$）。然而，n-TIH 中的无序结构增加了水分子的运输距离，并且它相对光滑且孔隙较少的表面阻碍了蒸汽的释放 [图 1-22(b)]，所以 n-TIH 的水蒸发速率（$2.35\text{kg}\cdot\text{m}^{-2}\cdot\text{h}^{-1}$）也低于具有垂直排列微通道的 TIH 的蒸发速率。总之，TIH 的垂直孔道一方面可以加快水在材料内部的传输，另一方面其开放的孔道结构又有利于蒸汽向大气中的扩散 [图 1-22(c)]，所以该结构非常适合在太阳能蒸汽生成系统中进行应用。

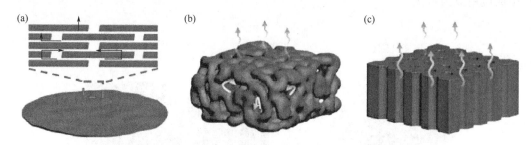

图 1-22　具有垂直排列通道的水凝胶（TIH）示意图

1.3.3　增加冷蒸发侧面

3D 蒸发器由于特定的几何形状，不仅可以直接垂直接收太阳光的辐照，也可以不同角度接收太阳能。蒸发器上直接受到阳光辐照的表面可以获得比周围环境更高的温度。然而，由于蒸发制冷作用，没有直接暴露在阳光下的表面可能获得比周围环境更低的温度，这样就会在蒸发表面上产生一个温度梯度。高于环境温度的表面将会通过热对流和热辐射的形式向环境中释放一部分能量，相反，低于环境温度的表面会以同样的方式从大气中吸收一部分能量。因此，除了直接入射光的能量输入外，3D 结构的蒸发器还会从环境中额外收获一部分能量来促进水蒸发。受树木结构的启发并结合中国剪纸技术，Wang 等制备了一种具有 3D 结构的人工树模型 [图 1-23(a)]，通过太阳光辐照以及周围环境能的协同作用，实现了最高 $2.30\text{kg}\cdot\text{m}^{-2}\cdot\text{h}^{-1}$ 的水蒸发速率。其优异的性能得益于高效的光吸收与光热转换、大的蒸发面积和优良的热管理能力，并通过叶片之间的多次反射实现高效的热量回收。

Wu 等成功研制了一种不需要大量水就能高效产生蒸汽的一体化蒸发器 [图 1-23(b)]。该蒸发器由能够吸收和储存大量水分的棉芯组成，封装在具有光热转换能力的 RGO-琼脂糖-棉花气凝胶片中。在 1 个标准太阳光强度下，高度为 15cm 的光热储层实现了空前高的蒸汽生成效率（133%～139%），蒸发速率达到 $4\text{kg}\cdot\text{m}^{-2}\cdot\text{h}^{-1}$。超过 100% 的能量效率是由于庞大的冷蒸发侧面从环境中获得了净能量，并且消除了热传导损失。当完全吸满水后，光热蒸发器可以在不需要额外供水的情况下连续工作一天来产生蒸汽，从而大大简化了装置的设计。此外，光热蒸发器还可以通过在海水中简单地浸泡来蓄水，在海水脱盐时也没有因海水溢出而重新封闭清洁水的风险。

Wang 等设计了一种由 rGO 和纤维素海绵组成的可空间切换的光热蒸发器，能够实现在 2D 平面和 3D 螺旋结构之间的可逆切换［图 1-23（c）］。虽然两种结构的材料质量和体积相同，但从 2D 结构切换到 3D 结构后，蒸发表面积的增加和水传输的优化，显著提高了水蒸发速率。在相同蒸发条件下，3D 螺旋结构的表面温度始终低于 2D 平面结构的表面温度，这是因为 3D 螺旋结构在蒸发过程中蒸发消耗的能量更多，蒸发通量更大，导致冷却效果更强。在暗蒸发过程中，表面温度均低于环境温度，如果增加对流也会加速蒸发，导致表面温度进一步降低。在没有对流流动且在 1 个标准太阳光强度下，2D 平面的表面温度（30.7℃）和 3D 螺旋结构的表面温度（26.6℃）均高于环境温度（25℃）。然而，在引入 $2m \cdot s^{-1}$ 和 $4m \cdot s^{-1}$ 的对流流动时，3D 螺旋蒸发器的表面温度（19.3℃和 18.7℃）明显低于环境温度。另外，在相同的对流条件下，3D 螺旋蒸发器的表面温度也低于 2D 平面蒸发器的表面温度，进一步证明了 3D 螺旋蒸发器对蒸汽生成的增强作用大于 2D 平面蒸发器。根据热力学定律，温度较低的蒸发表面能够从环境中吸收更多的能量，从而增强蒸汽的产生。在对流条件下，2D 平面蒸发器和 3D 螺旋蒸发器的蒸发表面温度均低于水体温度

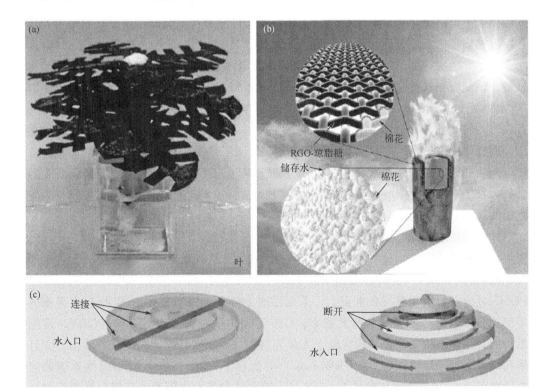

图 1-23 （a）3D 结构人工树图片；（b）一体化蒸发器示意图；
（c）2D 平面和 3D 螺旋蒸发器的吸水机制示意图

（25℃），因此理论上蒸发器还可以从水体中提取能量，提高水蒸发速率。经数值模拟表明，该3D螺旋结构能够有效地利用对流而充分激活和增强表面蒸发，产生更高的水蒸发速率（4.3kg·m^{-2}·h^{-1}），是2D平面结构水蒸发速率的185.9%。以上结果证明，通过优化光热蒸发器的结构，增加冷蒸发侧面，有很大潜力可以同时利用太阳辐射、环境能量和来自周围的对流气流，从而在很大程度上提高蒸汽生成速率。

1.3.4 太阳能驱动界面蒸发系统的加热方式

根据光热材料在水体的分布位置，太阳能驱动界面蒸发系统的加热方式主要分为底部式加热、容积式加热以及界面式加热三种。这三种加热方式均增加了系统的能量吸收，促进了蒸汽的生成，但是只有在水面处的水分子才能对蒸汽生成做出贡献，所以界面加热是目前公认的最有效的加热方式。在界面蒸发系统中，如果光热材料与水体存在温差，热能也会通过热传导的方式迅速传递到周围环境中。因此，热损失依然存在，需要进一步优化。

1.3.4.1 直接接触型

在蒸汽生成过程中，不仅要促进水向蒸发表面的快速传输，还需要减少热量向水体的热传导损失。光吸收材料在水体表面与本体水直接接触可以将热能集中到水/空气的界面上，从而提供局部相变区域。底部的水可以通过毛细作用或光热材料的亲水官能团被输送到蒸发表面，从而源源不断地提供蒸发用水。Chen等制备了一种由聚对苯撑苯并二噁唑纳米纤维（PBONF）/rGO复合气凝胶制成的一体化界面太阳能蒸发器，该蒸发器具有高孔隙率、优异的隔热性能和自漂浮能力，因此它可以漂浮在空气/水界面上进行界面加热，从而驱动蒸汽生成并有效减少热损失［图1-24（a）］。此外，PBONF/rGO复合蒸发器的表面温度在5min内可以迅速升高10.6℃，相比之下，烧杯中的主体水的温度只增加了约1℃，表明了该复合气凝胶可以有效地将光能转化为热能并将其限制在空气/水界面上，从而阻止了热量向体积水的传递［图1-24（b）］。在1个和6个标准太阳光强度下，PBONF/rGO复合蒸发器将太阳能转换为蒸汽能的效率分别高达98.4%和94.9%。

Hua等研究了HCuPO作为光热材料的水蒸发性能。HCuPO的密度大于水体，很快会沉到水体底部。为了减少热损失并在水/空气界面处产生局部热量来促进水蒸发，他们将HCuPO与PDMS复合，利用PDMS基体固有的疏水性使得HCuPO-PDMS复合材料成功漂浮在水面上。采用浮式HCuPO-PDMS并利用空气/水界面的局部加热方式成功提高了水蒸发速率。Gao等报道了一种基于石墨炔（GDY）多维结构的自漂浮泡沫，这种结构在整个太阳光谱中表现出良好的太阳能吸收能力，并且多孔网络有利于蒸汽逸出。在1kW·m^{-2}的光照下，GDY/CuO包覆的泡沫铜的光热效率可达91%，使得这种基于GDY的太阳能蒸发器在界面脱盐领域也具有广阔的研究前景。

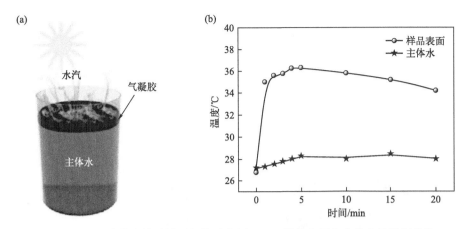

图 1-24　(a) 直接接触型界面加热示意图；(b) 样品表面和主体水的温度变化

1.3.4.2　间接接触型

　　间接接触型界面加热系统用到的材料主要以双层光热转换材料为主，上层为光吸收层，可以有效吸收太阳能并将太阳能转换为热能；下层为隔热层，除了可以减少热量向水体的散失，还能将底部的水通过下层介质传输到上层蒸发表面。Chen 等开发了一种基于 CNTs 改性柔性木材（F-wood/CNTs）膜的太阳能蒸汽生成装置，该装置的设计灵感主要来源于自然界中树木的蒸腾作用。F-wood/CNTs 膜的上层被黑色的 CNTs 包覆并呈现出具有较大表面积的毛发状表面，可以延长光在材料内部多次散射的路径，从而最大限度地提高光吸收率，促进光热转换。与此同时，下层亲水性木基体不仅可以通过内部的天然互联通道促进水分的输送，还由于其较低的热导率，可作为隔热层将光热转换产生的热量定位在水/空气界面处，最大限度地减少热损失（图 1-25）。通过对光吸收、热管理、水输送和水蒸发的系统优化，F-wood/CNTs 基太阳能蒸汽生成装置显示出优异的稳定性，在 $10kW \cdot cm^{-2}$ 的太阳光强度下可实现高达 81% 的光热转换效率。

　　Liu 等采用具有低热导率和良好结构稳定性的织物纸作为 AuNPs 的支撑材料，制备了一种具有良好光热转换能力的双层结构纸基蒸发器。粗糙的上表面可以有效提高材料的光吸收能力，并在 Au NPs 的作用下实现光-热能的转换。底层的织物纸具有大量的亲水基团和多孔网络，能够利用毛细作用实现快速水传输。底层的低热导率（$0.03 \sim 0.05W \cdot m^{-1} \cdot K^{-1}$）使顶部通过等离子体共振效应产生的热量被限制在蒸发界面上，减少了等离子体膜向体积水的热损失。相比于没有织物纸支撑的等离子体膜，该双层蒸发器的蒸发效率可以从 47.8% 提升到 78.8%。

　　Jiang 等展示了一种由细菌纤维素（BNC）和 rGO 组成的双层混合生物泡沫蒸发器，它可以自漂浮在水面处进行高效太阳能蒸汽生成。由于纳米纤维素层的存在，湿态 rGO/BNC 蒸发器的热导率非常低，将 rGO 层与水体隔开后，还可以起到隔热的作用。总之，这种基于双层结构的间接接触型界面加热非常适合于高效光吸收、光热转换、热局域化和水向蒸发表面的传输，从而促进太阳能蒸汽的生成。

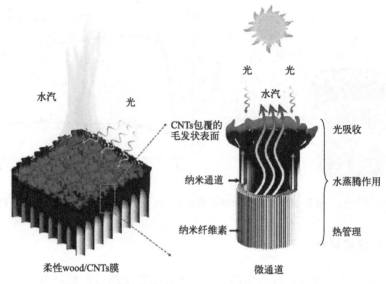

图 1-25　碳纳米管涂层的木基太阳能蒸发器示意图

1.3.4.3　隔离型

隔离型界面加热是指光热材料不与水体直接接触，一般采用聚苯乙烯泡沫等绝热材料将水体与材料隔离，往往采用 1D 或 2D 的供水路径将下方的水引入到蒸发表面。Zhu 等用一层纤维素纸设计了 2D 供水路径，避免了光吸收材料与本体水直接接触而造成热损失 [图 1-26（a）]。他们首先用纤维素薄纸包裹低热导率（约 0.04W·m^{-1}·K^{-1}）的聚苯乙烯泡沫，然后将光吸收材料和本体水分别放在纸的顶部和底部，水在毛细作用力的驱动下向上输送。在 2D 水路模型中，由于光吸收材料与本体水非直接接触，水体温度仅升高了 0.9℃，说明热传导损失较低。该蒸发器的蒸发速率可达 1.45kg·m^{-2}·h^{-1}，相应的能量转换效率为 80%。为了结合高效供水和低热损失，Miao 的团队使用商用三聚氰胺泡沫（MF）和膨胀聚乙烯（EPE）泡沫搭建了 2D 蒸发水路。MF 亲水性较强，具有脱盐自清洁能力，在长期脱盐过程中也不存在通道障碍的问题。EPE 泡沫热导率低（0.026W·m^{-1}·K^{-1}），可以降低热传导损失。他们首先对 MF 表面进行火焰处理，实现高达 96.8% 的光吸收率，从而可以有效地收集太阳能。然后在 2kW·m^{-2} 的光照强度下用 3.5%（质量分数）的 NaCl 溶液进行脱盐实验，其蒸发速率可以达到 2.53kg·m^{-2}·h^{-1}。

在认识到水路径对减少热损失的重要性后，Xu 等开发了一种天然的准 1D 供水方式 [图 1-26（b）]。碳化后的蘑菇具有黑色伞状多孔菌盖和纤维柄，具有高效的光吸收和优异的热管理能力。黑色蘑菇菌盖的直径约为纤维菌柄直径的 6 倍，这为蘑菇提供了有效的热浓缩结构，减少了热量的扩散路径。由于富含碳水化合物、蛋白质和含氮官能团，碳化蘑菇具有很强的亲水性。高的光吸收率（96%）、充足的水供应，以及低热损失的准 1D 水路，使碳化蘑菇在 1 个标准太阳光强度下的水蒸发速率可以

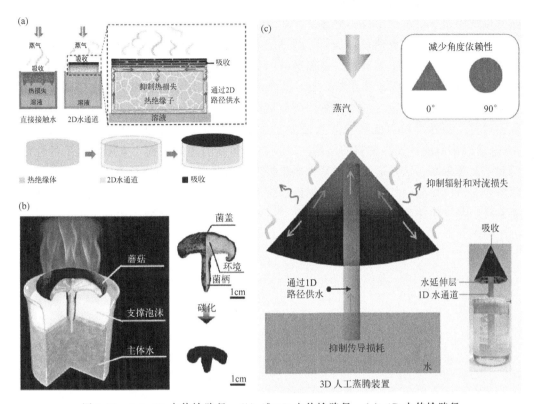

图 1-26 （a）2D 水传输路径；（b）准 1D 水传输路径；（c）1D 水传输路径

达到 $1.475\mathrm{kg\cdot m^{-2}\cdot h^{-1}}$。同样，受植物水传输过程的启发，Zhu 等提出了一种服务于 3D 人工蒸发器的 1D 水路，采用棉秆作为 1D 水路材料［图 1-26(c)］。他们比较了具有 1D 水路的 3D 人工蒸发器、与水直接接触型平面蒸发器和与水间接接触型平面蒸发器的热损失情况。结果表明，1D 水路蒸发器的热损失最低（1%），接近于间接接触型（2%），远低于直接接触型（43%），说明 1D 输水方式有效地抑制了向水体的热损耗。采用 1D 水路的装置，由于系统的热损失较低，因此表现出快速的热响应，在蒸发过程中能迅速达到稳定状态，有利于在实际应用中应对天气变化。在 1 个标准太阳光强度下，具有 1D 水路径的 3D 人工蒸发器的太阳光蒸发效率可以达到 85% 以上。此外，他们还对 $\mathrm{Cu^{2+}}$、$\mathrm{Cd^{2+}}$、$\mathrm{Pb^{2+}}$、$\mathrm{Zn^{2+}}$ 等重金属离子进行了脱除试验，处理后的重金属离子浓度低于世界卫生组织对饮用水的规范标准。最重要的是，处理效果不受 pH 值的影响，而且在长时间暴露下，重金属离子可以在设备表面回收，也为废水处理提供了一个新的途径。

　　蒸发器顶表面的光热效应驱动界面太阳能蒸汽的产生，顶部表面的温度通常高于周围环境温度，这不可避免地导致能量通过对流和辐射损失到环境中。已经被广泛探索的一种方法是以被动的方式将环境热量引入太阳能蒸发系统。如图 1-27 所示，为了实现这一目标，须满足两个关键条件：①系统与环境（通常指周围的空气）之间应产生温差；②有足够的界面面积来吸收环境热量。与辐射式太阳能吸收器向环境释放热量截然相反，接受额外热量输入的是低温部件而不是顶面的热蒸发器。鉴于太阳能蒸发系统中用于供水的部件不暴露在光线下，其温度往往低于周围环境的温度，即通过水蒸发从其自身提取热量，从而导致局部温差的建立，用于环境热的收集。吸收的环境热量被进一步用于驱动这些低温部件的更多蒸发，因此，整个蒸汽产生得到了提高。Zhu 团队首次证明，使用精心设计的蒸汽发生器，可以通过最大限度地减少上表面的能量损失和最大限度地增加侧面的能量增益，实现不同入射阳光强度下环境的净能量增益。将界面太阳能蒸汽发生装置的性能提高到远高于蒸汽输出的理论极限。Xu 等通过精心设计光热材料的结构，以及温暖和冷的蒸发表面，太阳能蒸发的性能得到了显著提高。这是通过同时减少能量损失和从环境获得的能量净增加，以及回收蒸发表面蒸汽冷凝、扩散反射、热辐射和对流释放的潜热来实现的。因此，通过使用新策略，蒸发速率为 $2.94kg \cdot m^{-2} \cdot h^{-1}$，相应的太阳能能量效率超过了理论极限。

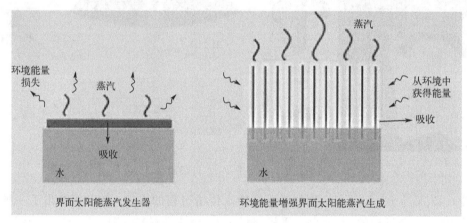

图 1-27　蒸发器的热损失到环境中和能从环境中吸收额外能量的蒸发器

界面蒸发是将太阳能转换为热能，蒸发的水蒸气冷凝成液态水的过程会产生冷凝热。在完全消散到环境中之前，这些潜热可能被多次重复使用，以产生更多的蒸汽。在以前的大多数蒸发器研究中蒸汽焓在蒸汽冷凝成水的过程中损失到环境中，导致能量利用率大大降低。如果蒸汽的内部焓能被有效回收，蒸发率和产水量就会显著增加。基于这个想法，Asinari 团队开发了一个被动式多级太阳能蒸发器，用于低成本和高产量的海水淡化。太阳能吸收器加热产生的一级水蒸气，向下扩散并在下一级的顶部冷凝，通过重新利用冷凝释放的热量，产生二次蒸汽。经过 10 次的蒸发/冷凝循环，最终的产水量可以达到 $3kg \cdot m^{-2} \cdot h^{-1}$，是传统单级蒸发的两倍以上。此外，Xu 和他的同事根据模拟结果调整结构参数，进一步阐述了多级结构的设计。如图 1-28 所示，此多级结构是由一个太阳能吸收阶段和若干个蒸发/空气/冷凝阶段组成。该装置的宽度蒸发膜和冷凝膜之间的空气间隙距离以及级数总数被证明对水和蒸汽的运输以及热能的耗散具有重要意义。为了最大限度地提高实用性，他们在理论性能和实际限制之间进行了权衡，所设计的多级太阳能蒸发器表现出创纪录的 $5.78kg \cdot m^{-2} \cdot h^{-1}$ 的淡水产量，在 1 个标准太阳光强度下，太阳能到蒸汽的转换效率为385%,这证明了高效的潜热回收和再利用。多级装置的意义在于,它不仅仅是一种提高淡水生产率的新方法,更重要的是,它为太阳能水蒸发提供了新的启示,为未来的商业化提供了一个路径。

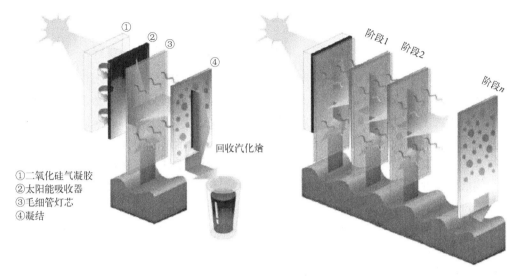

①二氧化硅气凝胶
②太阳能吸收器
③毛细管灯芯
④凝结

图 1-28　多级结构太阳能蒸发器示意图

除了回收潜热和获取环境能源外,减少水蒸发的能源需求是提高蒸发速率的另一个有希望的策略。水凝胶是一种物理或化学交联聚合物网络,是太阳能水净化的新兴材料。水凝胶中的水分为三种状态,即结合水、中间水和自由水(图1-29)。通过调整水凝胶中水的状态,可以降低水汽化的能量需求,使其超过自然阳光下的有限水汽产量。Zhou 等首先通过原位聚合将还原氧化石墨烯渗透到 PVA 的网络中制备水凝胶基太阳能蒸发器。PVA 链中的羟基基团与水分子形成氢键,该能量为 $1400J \cdot g^{-1}$,1 个标准太阳光强度下达到了 $2.5kg \cdot m^{-2} \cdot h^{-1}$ 的蒸发速率。

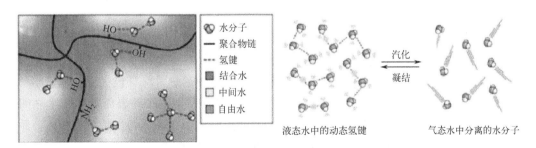

图 1-29　PVA 水凝胶基太阳能功能蒸发器

1.4　热管理方法

太阳能吸收系统的热管理,无论在微观层面还是在宏观层面,都对加热能量的有效利用有着重大影响。微观热管理指光热材料热特性的调节，而宏观热管理涉及到外来绝热材料或组件的加入，以减少热损失。因为太阳能吸收体和它周围环境的传热不断发生，所以要尽量将加热能量用于系统的目标部分，例如，用于水蒸发来实现高效率。

1.4.1 微观热管理

光热材料的结构设计在太阳能蒸发系统热特性中起着重要作用。光热效应激发的温度升高随着材料的几何结构而改变的现象已经被证实。而且，来自光热材料的热释放受热产生速率的影响。同时，传递到周围环境的热量取决于材料的表面区域和热导率。等离激元金属纳米颗粒的产热已经被证实取决于纳米颗粒的尺寸和形状。等离激元纳米结构有着极大的体积比表面。这些等离激元颗粒通过光热转换获得的高温，加上本体的高热导率，会导致热耗散严重。当加热媒质与这些等离激元金属颗粒接触时，热量能够被有效地传递给加热媒质。由于具有与加热媒质大表面接触区域的本质特性，其他的纳米材料（如泡沫和气凝胶）也具有良好传热特性。接触区域面积大，加上高热导率，能够确保在最小热损失的情况下实现快速传热。相反，减少表面区域面积或者结合合适的绝热材料将会有助于降低传热能力。在各种纳米结构中，与纳米棒、纳米线、椭圆体、圆盘、环形相比，球形颗粒具有最低的比表面积，被证实为最有效的保热几何结构。对于宽光谱范围太阳能吸收系统，热量也通过黑体辐射损失。根据斯特藩-玻尔兹曼定律，能量与温度的四次方成正比，所以这种热损失能够通过保持光热材料和周围环境的温差尽量小而最小化。

1.4.2 宏观热管理

太阳能吸收体在太阳光不停地照射下将会一直处于温度高于周围环境的状态。为了提高它们在宏观层面的热效率，各种方法被采取来减少热损失。对于太阳能驱动蒸发应用，常用的方法是把光热材料局限在水-空气界面，以至于热量不会被传到体相水中。

不同课题组使用不同的方法来降低热传导损失。一些课题组制备真空双层玻璃管来抑制热传导损失。有些课题组使用气凝胶作为容器的绝热材料，该气凝胶是热导率最低的材料之一（$0.03W \cdot m^{-1} \cdot K^{-1}$）。加在太阳能吸收体底部表面和体相水之间的绝热层，例如无尘纸或绝热泡沫，也被用来减少热损失。与体相加热系统相比，界面加热系统具有更好的蒸发性能，其蒸发效率从约60%变化至90%以上。

对流热损失可以通过抑制水或系统周围空气的流动来最小化。由于辐射热量与热力学温度的四次方成比例，当温度升高时，通过辐射的热损失将会变得很显著，所以再辐射在系统水平设计上起着重要作用。美国麻省理工学院陈刚课题组利用100℃的黑体进行蒸汽产生的热损失研究。他们发现周围环境温度为20℃时，辐射热损失将会达到$680W \cdot m^{-2}$，有着相应的$800W \cdot m^{-2}$的对流热损失。鉴于太阳辐射总能量

仅为 $1000W \cdot m^{-2}$，这种状态将会是不可持续的。他们课题组随后提出采用具有低发射率的选择性太阳能吸收体，来显著地降低再辐射热损失，降低到 $50W \cdot m^{-2}$。他们努力实现太阳能吸收体的温度达到 $100℃$，相应的蒸发效率为 71%（减去黑暗环境蒸发量后效率为 64%）。然而，其他课题组在没有限制再辐射热损失的情况下实现 70% 及以上的效率。美国纽约州立大学布法罗分校甘巧强等认为光热材料被水层或水蒸气包围，所以热损失不是针对 $20℃$ 的周围环境而言。这意味着，对于他们运行在 $44.2℃$ 的蒸发系统来说，到周围 $41.6℃$ 的蒸汽环境的热损失仅仅是约 1.8% 的辐射热损失和 2.6% 的对流热损失，导致 1 个标准太阳光强度下约 88% 的蒸发效率。另外，他们称在实际太阳能驱动蒸汽产生系统中，蒸汽不会直接释放到环境中，辐射是针对容器的。

尽管各种材料系统都不同，但大量课题组已经实现了 80% 或更高的蒸发效率。如此，可以总结为不同材料系统能够被最优化，以至于它们能够在光热转换方面表现良好。

1.5 水通道设计

大部分蒸发系统采用吸水层或材料里本身的通道，通过毛细效应把水输运到太阳能吸收体表面。在这些吸水系统中，水蒸发速率将和水运输速率匹配。

太阳能驱动界面蒸发系统按照是否具有外来吸水材料可以分为内在吸水系统和外部吸水系统。对于内在吸水系统，太阳能吸收体本身具有孔或通道，水在这些孔或通道中通过毛细作用力向上流到太阳能吸收体上表面，以补充因蒸发而损失的水。泡沫碳、石墨烯泡沫、石墨烯气凝胶、有机材料如碳化蘑菇、垂直通道如木头以及垂直排列石墨烯片层膜都存在随机孔。外部吸水系统指的是拥有额外吸水材料的系统。这些吸水材料有时能够作为支撑结构或者绝热层。它们包括泡沫碳支撑体、纸、微孔带、多孔阳极氧化铝、多孔硅、纳米纤维素气凝胶、木头、纤维素膜、聚氨酯和泡沫铝等。

水通道也可以根据维数分为三维水通道、二维水通道和一维水通道。根据太阳能吸收体与水的位置，三维水通道分为直接接触和非直接接触两种形式。二维水通道和一维水通道则属于孤立结构。直接接触结构指的是光热材料和水直接接触，中间没有隔离层。表面疏水或轻质的太阳能吸收体具有各种结构，诸如薄膜和气凝胶等，它们能够自漂浮于水面。它们没有加热整体水，展现出有效的太阳能驱动蒸汽产生性能。各种各样的纳米颗粒，例如等离激元 Au、Fe_3O_4、$MnFe_2O_4$、$ZnFe_2O_4$ 和修饰有 Fe_3O_4 的碳颗粒，能够自组装于漂浮的薄膜上，以实现界面加热效应。与纳米颗粒悬浮液相比，这种界面加热的方法能够将水蒸发效率显著提高约 2 倍。此外，由光热材料涂覆在轻质、疏水基底（不锈钢金属网、聚丙烯网、纱布、炭布等）组成的薄膜也被报道出来。

除了二维的薄膜太阳能吸收体，三维的大块气凝胶和泡沫纳米结构也被报道用于太阳能驱动界面蒸发。内部多孔网络提供水供应通道和蒸汽逸出通道，同时本身作为热绝缘体，这些都有利于太阳能驱动蒸汽产生。例如，北京大学刘忠范课题组制备出分层的石墨烯泡沫，石墨烯纳米片垂直地生长在三维泡沫结构上。这种分层石墨烯泡沫被用于海水淡化，表现出 90％的太阳能-蒸汽转换效率。此外，传统的石墨烯气凝胶和碳基光热转换泡沫材料被广泛用于直接接触结构。南开大学陈永胜课题组制备出独立的三维交联蜂窝状石墨烯泡沫，然后将泡沫用于有效的太阳能吸收和转换设备。该设备在 1 个标准太阳光强度下达到约 87％的蒸发效率，而且在户外环境太阳辐射下实现＞80％的效率。

双层结构通常用于非直接接触结构。顶层是光热材料，它吸收太阳能而不和体相水接触。底层用来抑制产生的热量传递到下面的体相水，同时底层也起到机械支撑太阳能吸收体的作用。此外，底层需要具有微孔结构，以实现有效的水供应。由于具有多孔结构、低密度和热绝缘特性，无尘纸、阳极氧化铝、纤维素、聚偏氟乙烯膜、泡沫碳、生物膜、树叶、木头、静电纺丝膜、二氧化硅等已经被用作支撑层。

商用膜或基底本身具有利于蒸发的光学、热学特性。例如，多孔亲水膜材料常被用作绝热支撑体。高表面粗糙度能够造成入射光的多重散射，导致光的强化吸收。无数的微孔能够通过毛细力将水运输到加热区域，导致水的快速补充。低热导率能够使它们成为良好热绝缘体，以抑制太阳能吸收膜转换的热量向体相水传递。而且，纳米孔的阳极氧化铝板具有降低的折射率和小的阻抗不匹配，确保低反射率和柱状孔中有效的光耦合，导致显著的光吸收强化。

除了商用膜外，具有特殊性质的自合成支撑层最近也被报道出来。南京大学朱嘉课题组合成一种柔性 Janus 太阳能吸收体用于太阳能海水淡化，该太阳能吸收体具有两层静电纺丝膜。这两层结构具有相反的化学特性，亲水的底层用于吸水，疏水的顶层用于抑制盐聚集在表面。在 1 个标准太阳光强度下，该太阳能吸收体展示出有效的太阳能蒸汽产生（蒸发效率为 72％）和稳定的产水量。此外，由于具有优异的热绝缘和吸水特性，类泡沫结构也被广泛地用作支撑层。美国圣路易斯华盛顿大学 Singamaneni 课题组开发了一种新型的混合双层生物膜，该膜由还原氧化石墨烯和细菌纳米纤维素组成，它具有高光吸收率、有效光热转换、有效热局域化和优异水运输特性，导致 10 个标准太阳光强度下 83％的蒸发效率。

除了以上提及的人工合成双层结构，树的蒸腾作用，依赖于独特的孔结构和传热传质特性，为自然植物基界面蒸发器的发展带来启发。天然木材具有优异的亲水性和垂直排列的微孔通道以用于有效的水传输，它们被开发作为太阳能吸收体和支撑体，以用于水蒸发。受这种生态学的能量-水联系启发，美国马里兰大学胡良兵课题组研发出基于天然木材的高效太阳能蒸汽产生系统。双层的木基太阳能蒸汽产生设备由径向砍伐的木材和碳化的顶部所组成，该设备通过简易的加热过程得到。由于丰富性、生物相容性、亲水性、低热导率和高吸光性，具有自然维管束的木材成为优异的太阳能蒸汽产生系统的支撑层。很多关于木材负载光热材料的研究也被报道出来。

三维水通道结构由于光热材料和体相水之间接触面积较大，向体相水耗散的热损失不可避免。为了进一步抑制传导热损失，孤立结构（包括二维水通道和一维水通道）被设计和制备出来。孤立结构指的是太阳能吸收体和体相水被分开的结构，两者之间由受限水通道所连接。与传统的"体相水供应"（三维水通道）相比，受限水通道减少了水通道的维数和横截面积，因此可最小化到体相水的热传导损失。

二维水通道能在孤立结构中实现有效的水供应。它用亲水材料将热绝缘体包裹，为顶部的光热材料提供二维毛细力水通道（图 1-30）。采用这种设计的系统还有亲水的多孔纸、碳基吸收体膜和三维打印碳基墙。南京大学朱嘉课题组把一种亲水纤维素层包裹在聚苯乙烯泡沫（绝热体）上作为二维水通道，并将氧化石墨烯膜（太阳能吸收体）置于其顶部。由于蒸发界面和体相水之间具有优异的热绝缘体，到体相水的热耗散被有效抑制，与直接接触结构相比，1 个标准太阳光强度下蒸发效率由 50% 提升至 80%。三维打印也被用于构建高效太阳能蒸发器。例如，美国马里兰大学胡良兵课题组制备出一种三维打印的太阳能蒸发器，该蒸发器由碳纳米管/氧化石墨烯层（太阳能吸收）、氧化石墨烯/纳米纤维素层（水传输）和二维的氧化石墨烯/纳米纤维素墙（吸水，绝热）组成。这种三维打印的蒸发器具有有效的宽光谱范围光吸收率（＞97%），有效地抑制向体相水的热耗散，导致 1 个标准太阳光强度下 85.6% 的高太阳能蒸发效率。

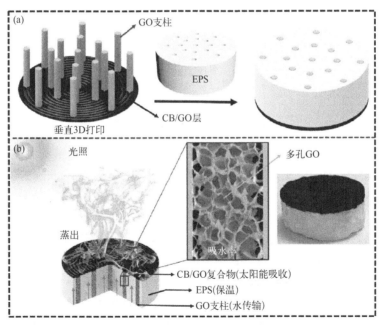

图 1-30　二维水通道结构原理

1.6　高效水蒸发系统

传统的水蒸发装置或者界面水蒸发系统，由于整体能量的限制，蒸发速率存在极限，为了追求更高的蒸发速率，研究者们通过结构设计来提高太阳能水蒸发性能，该结构有以下几点优势：①入射角效应补偿；②减少热量损失和漫反射；③扩大蒸发面积；④利用从环境中获取能量的大侧面区域，如图 1-31 所示。

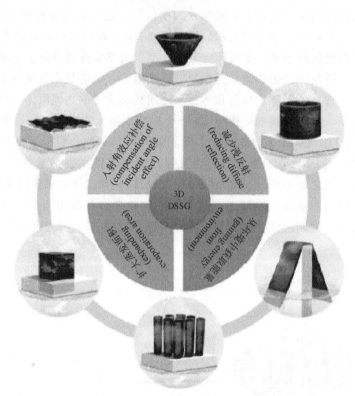

图 1-31　DSSG 设计概念示意图

Zhu 等设计的伞形系统，显示出大于 95％的光吸收效率 ［图 1-32（a）］。在太阳能驱动的水蒸发实验中，光热转化效率高达 85％。在从上午 8:00 到下午 4:00 进行的室外太阳蒸汽实验中，伞形设备的总蒸发量为 16.1kg·m^{-2}。此外，为减小实际太阳辐射的入射角变化的影响，Wang 等报道了一种折纸的结构 ［图 1-32（b）］。这种周期性折叠结构包含许多的波谷和波峰，这可以增强入射光子的捕获并使热量损失较少。太阳热效率与表面面积密度（即蒸发面积与投影面积之比）密切相关。当单位面积密度为 4.65 时，光热转换性能最佳，蒸发速率达到 1.59kg·m^{-2}·h^{-1}，而平面结构的蒸发速率仅为 1.06kg·m^{-2}·h^{-1}。采用铅笔画纸的方法，开发了另一种折纸系统 ［图 1-32（c）］。与平面系统相比，折纸结构由于增加了太阳光吸收面积并减少了太阳光反射损失而有效地促进了太阳能的利用。具有 90°角的折叠纸的有效面积比平面折纸大 41.0％。折纸系统的表面温度可以达到 46.5℃，蒸发速率高达 1.16 kg·m^{-2}·h^{-1}。水蒸发效率约为 80％，比平面系统高 10％。

Wang 等引入了一种杯形光热结构，其混合金属氧化物的光吸收层能够回收表面所损失的大部分能量 ［图 1-33（a）］。通过增加杯壁的高度，使杯结构在 1 个标准太阳光强度下产生的水蒸气的蒸发速率最大达到 2.04kg·m^{-2}·h^{-1}，远远超过了 2D 平

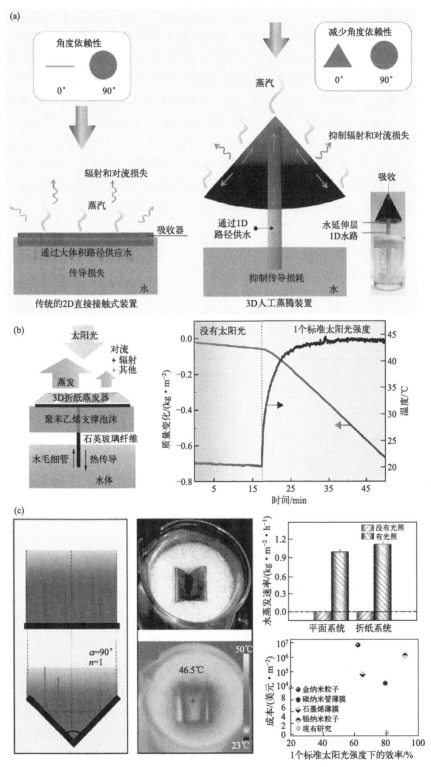

图 1-32　几种用于抵消入射角效应的典型蒸发器设计
（a）伞形结构；（b）折纸阵列；（c）90°角吸收器

面结构的速率（1.21kg·m^{-2}·h^{-1}）。将聚吡咯（PPy）涂覆在聚偏二氟乙烯（PVDF）膜上制成的人造锥形蒸发器也用于改善光吸收性能和优化热管理。作者讨论了不同圆锥体的顶角（选择121°、86°、70°和56°作为代表角）对光吸收和表面温度的影响 [图1-33（b）]。合理设计的圆锥结构在整个太阳光谱上均显示出约99.2%的吸收率。通过简单地改变锥体与水之间的接触面积而无须使用下面的隔热层，就可以抑制损失到水中的热量。经过优化的锥结构在1个标准太阳光强度下可实现1.70kg·m^{-2}·h^{-1}的蒸发速率和93.8%的热转换效率，是平面膜的1.7倍。Bian等采用碳化的竹子，作为一种低成本高效的圆筒形蒸发器，竹子的内壁回收了从竹底反射回来的光和热辐射的热量进行二次利用，外壁从较温暖的环境中捕获能量。在1个标准太阳光强度下的蒸发速率为3.13kg·m^{-2}·h^{-1}。

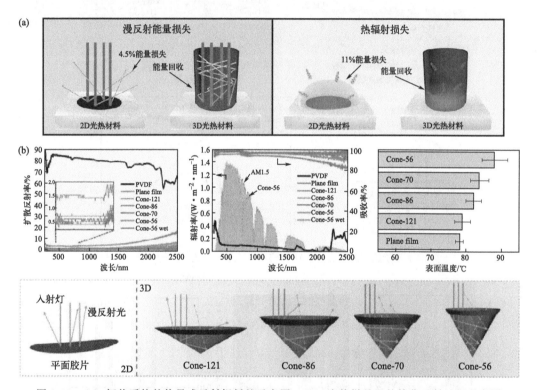

图1-33 （a）杯状系统的热量或反射损耗的示意图；（b）光热样品上的简化反射过程示意图
（在光热锥体内显示多次反射）

蒸发与暴露的表面积密切相关，高表面积可以为蒸汽的高效释放提供足够的空间。Miao和他的同事创建了一种纳米堆叠的聚乙烯醇（PVA）海绵的块堆叠结构。研究不同的形状，包括凹槽、平面、浮雕和多层结构对蒸发的影响。当将纳米墨水染色的PVA海绵增加到三层时，在1个标准太阳光强度下，蒸发速率达到2.15 kg·m^{-2}·h^{-1}，是纯水的7.2倍。其得益于无序的大孔结构的存在。极高的比表面积使水蒸发更加容易。在相同的投影区域下，水蒸发性能得以增强。

采用水蒸发系统在低密度太阳光照下进行蒸发时，会出现系统温度低于周围温度的现象，此时蒸发速率可以高于理论上限。此时，系统被认为是从温暖的环境中获取了额外的能量。南京大学朱嘉教授课题组等采用炭黑涂层的纤维素层和棉芯组成的复合材料制造成具有高蒸发面积和低投影比的圆柱阵列 [图 1-34(a)]。在仅 $0.25kW \cdot m^{-2}$ 的光照下，蒸发速率为 $0.89kg \cdot m^{-2} \cdot h^{-1}$。在蒸发冷却的作用下，侧面的温度低于环境温度，增加了从侧面获得的能量，蒸发速率高于理论极限。Song 的工作也证明了该结构可以从周围环境中收集能量。与传统的系统不同，该结构对隔热装置尤其重视，将太阳能吸收材料与隔热材料分开，从而加强了与周围环境的热交换。在低强度太阳光的照射下，平均蒸汽温度低于环境温度。太阳能输入的能量和环境输入的能量同时用于蒸发输出。但是当系统温度升至室温时，来自环境的输入能量通道将被关闭 [图 1-34(b)]。此外，作者研究了与平面结构相比具有不同顶角角度的三角形结构的水蒸发性能。当顶角 $\approx 22.4°$ 时，在 $1kW \cdot m^{-2}$ 的太阳光强度下，设备的总蒸发速率为 $2.20kg \cdot m^{-2} \cdot h^{-1}$。表面积较大的三角形结构（顶角为 $23° \sim 24°$）可以从环境中吸收整体能量的 $16.0\% \sim 20.7\%$ 用来产生蒸汽。

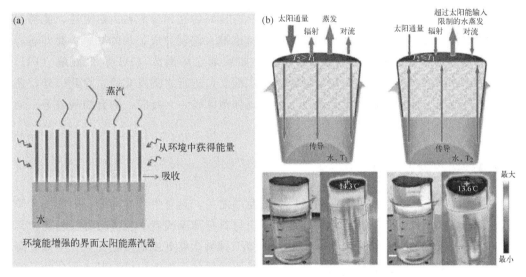

图 1-34　(a) 圆柱形蒸发阵列；(b) 强光照明和暗环境下聚苯乙烯泡沫上的碳涂布纸的传热图

从 2D 到系统不仅对应于尺寸的简单变化，还对应于蒸发速率和光热转换效率的飞跃。实际上，关于蒸发的讨论只是一个开始，仍然需要解决许多问题，例如如何准确评估设备的蒸发性能以及如何进一步优化设计蒸发系统。

1.7　蒸发体载体材料

淡水资源短缺问题已经引起研究者的广泛关注。为缓解水资源短缺的难题，具有特殊浸润性或微纳表面形貌结构的集水材料或界面被相继报道，但干旱和经济欠发达的缺水地区更需要简单而廉价的替代品。基于自身要发挥的作用，基体材料本身必须具备良好输水能力和隔热性能。这就对基体材料中孔的排列、大小，以及自身亲疏水性提出了要求。基体材料必须具备多孔的结构才能发挥好输水的性能。但输水能力与隔热性能并非两个独立的因素，而是存在相互影响的关系。隔热性能好的材料，热导率一定小，但同时还要考虑其孔的结构也会影响隔热性能。若孔中水较多，那么就可能影响蒸发材料的热导率，从而导致热量的散失。因此要平衡两个因素，使系统发挥最佳效果。因此，在系统蒸发时，最好能有效控制输入的水分，使输入的水分与光热材料转化的热量相匹配，将水分与能量平衡起来，使热量耗尽时刚好水分也全部蒸发。这样就不会有过量的水分带走热量，也不会水分不够而使热量浪费，实现了光转化热的高效利用。在这样设想的基础上，科研工作者设计了不同的输水路径使其达到最好的效果。

目前，已有大量的材料被设计成基体材料，这些材料都具有多孔、隔热、亲水等特性。如纤维素泡沫具有热导率低、多孔、输水性能好、亲水性好等特点。当它作为基体材料时，就保证了优异的输水能力与良好的隔热性能，促进了水的快速蒸发。还有木材如巴尔杉木等，主要成分是纤维素，具有良好的孔径分配和高热阻性，能够保持良好的输水性能和隔热性能。因此天然木材也被人们设计成了基体材料。此外还有一些质轻、漂浮性能好且隔热效果好的材料如聚苯乙烯泡沫（PS）、聚氨酯（PU）等被设计成隔热材料，将整个蒸发器漂浮在水面上，进行水蒸发实验。除此以外，还有一些高性能一体式蒸发器也是基于上述原则如泡沫碳、气凝胶、聚合物凝胶等，均表现出优异的水蒸发性能。

1.7.1 纺织材料

纺织品是全世界最常见和使用最广泛的商品之一，具有生产成本低、生产工艺简单且可以实现量产的特点。更重要的是，纺织材料与薄膜或者平板类的材料相比，具有更好的透气性和更大的比表面积，意味着纺织材料能够更多地接触到空气中或者海洋上更多的雾和水分。此外，由纤维或者纱线所触发的毛细效应可以保证水分的运输和供应。

目前，纺织类集水材料以其成熟的制备工艺、低廉的价格吸引了研究者的关注。用于水收集的纺织材料及其复合材料按照集水路径的不同可以分为两类：一类是用于海水淡化的光热集水材料，利用太阳能进行海水淡化，此过程涉及水的相变；另一类是雾水收集材料，利用环境中的雾气进行集水，此过程不涉及水的相变。这两类产品的共同特点是无须消耗能量或仅需太阳能，即可实现淡水的收集。利用太阳能淡化海水的蒸发设备，通常以纺织材料及其复合材料作为蒸发体载体材料，需要对材料进行光热处理，使材料具备光热转换的性能。纺织品由纤维及纤维制品构成，纤维和纤维之间、纱线和纱线之间、纱线和纤维之间的毛细效应会保证海水持续供应到织物表面，再借助于织物表面光热材料的光热转换性能，将太阳能转换为热能，实现水分的蒸发，从而实现淡水的收集。利用环境中的雾气进行集水的纺织材料及其复合材料，大多会引入仿生的设计构思，借鉴自然界中生物的结构，主要灵感来自沙漠甲虫、蜘蛛网、仙人掌和猪笼草等。制备具有特殊浸润性的纺织材料及其复合材料，通常在材料表面构建润湿性梯度、拉普拉斯压力梯度或者两者相组合，以优化水的凝结、聚集和运输。实现干旱多雾地区的雾水收集，以满足特定地区人类生活对淡水资源的需求。

近年来，科研人员研发出诸多纺织材料及其复合材料，应用于水收集领域。相对于其他类型的集水材料，纺织材料及其复合材料生产成本较低，生产工艺更加成熟，且纺织材料高比表面积的特点有利于水分的捕获，特有的毛细效应有利于水分的供应和运输。图 1-35 归纳了现有的纺织集水材料的分类及其相关制备方法。

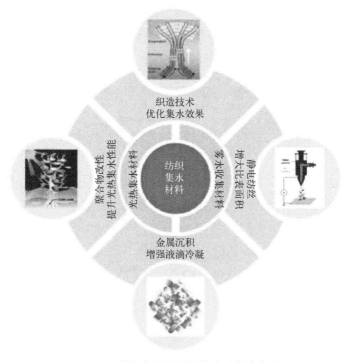

图 1-35　纺织集水材料的分类及制备方法

1.7.1.1　聚合物改性提升光热集水性能

利用聚合物改性处理织物表面，使织物具备优良的光吸收能力和光热转化性能，保证织物表面的水分得以持续不断地蒸发，从而实现淡水资源的收集。Xiao 等将棉织物浸泡在 $FeCl_3$ 溶液里形成配位，将经铁改性的棉织物干燥后浸泡在吡咯溶液里，制备获得光热转化性能良好的聚吡咯改性棉织物，并将二维改性织物裁剪成三维锥状结构，见图 1-36(a)。这种设计方法制备的三维织物不仅有利于增加光的反射次数，提高光的利用率，而且提高了空间体积的利用率。三维模型织物的水蒸发速率可以达到 $0.77kg \cdot m^{-2} \cdot h^{-1}$。此外，该材料不仅可以用于海水淡化，还可以在沙基质中实现水分的获取。类似的，Liu 等将聚苯胺纳米棒涂覆在白色棉织物上制备亲水光热织物将其悬挂在海面上,织物的2个边缘浸入2个海水槽中以保证海水的供应,见图1-36(b)。这种间接接触式设计降低了热量损耗,纳米棒涂覆织物的海水蒸发速率可以达到1.94kg·m⁻²·h⁻¹。此外,Li等用织机制备了三维仿生树型亚麻织物(TBFF),见图1-36(c),然后用聚多巴胺-聚吡咯(PDA-PPy)对其进行改性。改性后的仿生树型亚麻织物在1个标准太阳光强度下光热转换效率达到87.4%,水蒸发速率达到1.37kg·m⁻²·h⁻¹。将成本低的纺织材料作为基底,对其表面进行光热处理,使之具备优良的光热吸收能力和光热转换能力。独特的织物结构能保证水分的持续供应,无需额外能量即实现了淡水资源的获取,可广泛应用于海水淡化。

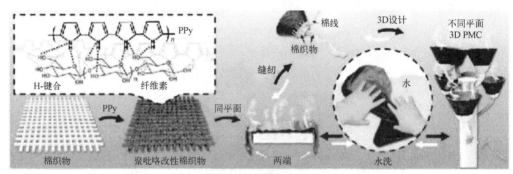

(a) 聚吡咯改性棉织物流程

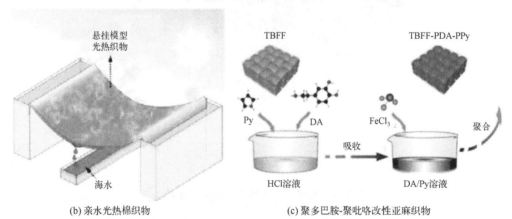

(b) 亲水光热棉织物

(c) 聚多巴胺-聚吡咯改性亚麻织物

图1-36 聚合物改性处理织物表面

1.7.1.2 静电纺丝增大比表面积

静电纺丝是制备纳米材料和微细纳米结构切实可行的方法之一。利用高压将黏性液体拉伸成纤维(称为电纺丝),或将稀溶液分散成微小液滴(称为电喷雾),已成为制备微观材料的有效途径,也是纺织领域比较成熟的技术,具有广泛的应用前景。2010年,Zheng等研究了蜘蛛丝的定向集水功能,发现蜘蛛丝在干燥条件和雾气条件下的结构有所不同。当干燥的蜘蛛丝放置在雾气环境中时,其结构会因为润湿而发生改变,伴随着微小液滴的凝结,蜘蛛丝上会出现周期性的纺锤体。这种结构造成表面能梯度和拉普拉斯压力差，两者都可驱动水滴的定向运输。此后，利用静电纺丝技术制备仿蜘蛛丝结构，并进行雾水收集的相关研究越发深入。

Gong 等利用同轴静电纺丝技术制备了一种串珠状纤维。以聚苯乙烯（PS）作为支撑纤维，在其上分布聚甲基丙烯酸甲酯（PMMA），见图 1-37(a)。这种纤维纺锤体结构使纺锤体与纺锤节之间产生表面能梯度。当微小的水滴在纤维上凝结时，会像天然蜘蛛丝上的吸水过程一样，使液滴从纺锤结方向移动到纺锤体。此外，抗旱保水植物仙人掌也显示出优异的收集雾和运输水的能力。研究表明，仙人掌的集水能力来源于仙人掌刺表面的分层沟槽结构。这种结构赋予的拉普拉斯压力梯度和润湿性梯度可协同提供驱动力，使水滴从顶端运输到底部。Gong 等采用静电纺丝技术，在人工脊柱表面静电纺聚酰亚胺纤维，模拟了仙人掌刺的分层沟槽结构。单个人工仿仙人掌脊柱的平均集水率约为 $0.3\mu L \cdot min^{-1}$，见图 1-37(b)。此外，Greiner 等通过仿生纳米纤维毛细血管网与光滑表面结合的蜥蜴皮肤，采用涂层和静电纺丝相结合的方法，制备了一种 Janus 雾水收集器，见图 1-37(c)。并利用电场模拟方法分析了蜥蜴皮肤状纳米纤维网络结构的形成规律。研究发现，基于铜网的 Janus 雾水收集器具有优越的集水效率（$907mg \cdot cm^{-2} \cdot h^{-1}$）和耐用性，实现了微小液滴的定向运输和高效集水。静电纺丝技术为大面积制备集水纤维提供了一种高效、低成本的方法，该方法灵活简单，可以实现结构和组分的双重可控。制备的静电纺纤维具有高比表面积，有利于液滴的捕获。

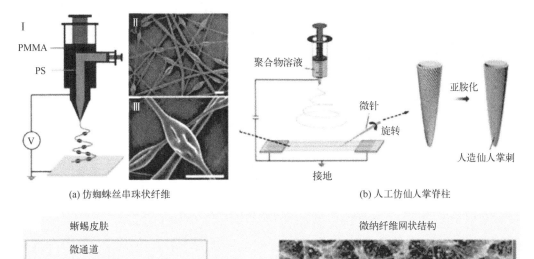

(a) 仿蜘蛛丝串珠状纤维　　　　　　　(b) 人工仿仙人掌脊柱

(c) 仿蜥蜴皮肤Janus雾水收集器

图 1-37　静电纺丝制备集水纤维

1.7.1.3　织造技术优化集水效果

　　除表面改性外，织物结构及织造工艺对纺织材料的集水效果亦有很大影响。Sarafpour 等首先将簇绒、针织、间隔等 3 种不同纹理的聚酯织物化学镀镍，然后模拟雾环境研究其集雾效率，以探究织物纹理对雾水收集的影响。结果表明，间隔织物的雾水收集效果最好。利用针织、机织等织造工艺对集水材料进行结构设计，有利于提高集水性能，以实现淡水资源的收集。Li 等用普通织机织造了三维仿生树型亚麻织物（TBFF），利用平纹组织、方平组织和浮线分别模拟树的根部、茎部和树叶。由于毛细效应，水沿着连续的经纱做定向输送，见图 1-38(a)。与此同时，受鸟喙启发，Li 等利用金属线按照针织的编织工艺设计出一款仿生拓扑合金网，见图 1-38(b)，这种具有 V 形几何形状的仿生拓扑合金网提升了雾水收集的效果。再利用电化学的方法在金属网表面构建微纳米结构，两者协同实现高效的雾水收集，该材料的雾

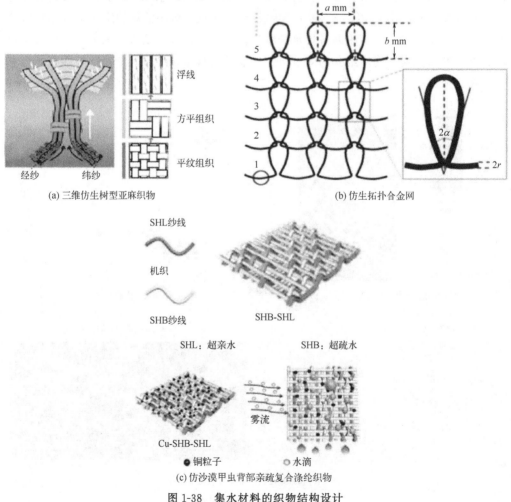

(a) 三维仿生树型亚麻织物　　　　　　(b) 仿生拓扑合金网

(c) 仿沙漠甲虫背部亲疏复合涤纶织物

图 1-38　集水材料的织物结构设计

水收集效率可达 $1050\text{mg} \cdot \text{cm}^{-2} \cdot \text{h}^{-1}$。此外，Yu 等利用传统的工艺织造亲疏水涤纶，经向为超疏水涤纶丝，纬向采用超亲水涤纶丝交替，织造出仿沙漠甲虫背部亲疏复合涤纶织物，见图 1-38(c)。研究表明，进一步沉积金属铜颗粒的涤纶纺织品，其雾水收集效率可高达 $1432.7\text{mg} \cdot \text{cm}^{-2} \cdot \text{h}^{-1}$。改变织造工艺和参数设计不同结构织物，利用织物结构本身特点实现水分持续供应或构建亲疏复合结构表面，工艺灵活简单、可操作性强。

1.7.1.4 金属沉积增强液滴冷凝

由于金属具有良好的冷凝效果，尤其是铜和铝，所以雾水收集材料大多与金属相结合。Wang 等将棉织物进行疏水处理，采用喷涂设备将二氧化钛纳米溶胶喷涂到已制备的超疏水棉织物上，见图 1-39(a)。由于界面张力，生成了具备独特光诱导特性的超亲水凸起结构。这些二氧化钛凸起诱导了润湿性梯度和形状梯度，协同加速了水的收集。另外，Xu 等用疏水铜网和亲水棉复合构建 Janus 体系，见图 1-39(b)。通过进一步改进，将二维疏水/亲水协同体系改良为三维协同体系。研究发现，由于边界层效应，三维 Janus 系统比二维系统更快速、更自发、更连续。这一发现为雾水收集体系提供了一种新的方法。纺织品具有成本低、生产工艺简单的特点，在其表面沉积金属颗粒以增强液滴的冷凝效果，在疏水处理的织物基底上沉积亲水性金属，或者构建亲疏复合结构，均有利于增强雾水收集的效果。

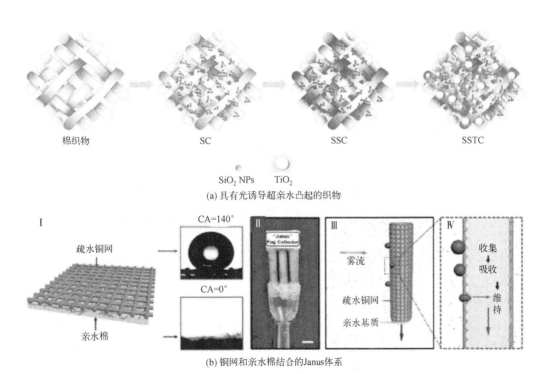

图 1-39 金属沉积诱导织物表面集水

需要注意的是，大部分材料的集水能力测试实验是在相对湿度大于 60％ 的条件下进行的，而实际干旱地区的相对湿度都在 20％ 以下。此外，纺织集水材料还存在表面材料及结构易损坏失效、不耐用的问题。在今后的研究中，应尽力解决此类问题。同时，现有的集水材料主要集中在一维和二维表面，未来应更多地关注三维材料。总的来说，纺织集水材料在缓解淡水资源短缺的问题上，开辟了新的途径，在不久的将来会有更好的发展前景。

1.7.2 泡沫材料

在太阳能界面蒸发系统中，光热材料内部的水可以在太阳能照射下迅速转换为蒸汽。载体材料具有良好的水输送通道，可以使得从下层水体到光热材料有足够的水供应，这对太阳能界面蒸发系统的高性能水蒸发有重要影响。因此在应用于界面水蒸发的众多蒸发器中，基底的选择和结构的设计也是非常重要的。要实现高效、经济和大规模的水蒸发应该同时表现出以下特性：能漂浮于水面，具有优秀的隔热能力和阻盐能力。以价格低廉的泡沫材料作为基底，其丰富的孔结构和较低的热导率不仅可以保证蒸发界面充足的水供给，防止盐结晶，还能降低热损失提升水蒸发速率。

张彬课题组以溶剂热法合成了 Ni-MOF 前驱体，再经高温煅烧制得镍碳微球（Ni@C），作为界面水蒸发器的光吸收剂。将所得镍碳微球涂覆到自制的亲水性三聚氰胺泡沫上，得到上层疏水、下层亲水的 Janus 型蒸发器（Ni@C/MF），Ni@C/MF 的蒸发速率可以达到 $1.51kg \cdot m^{-2} \cdot h^{-1}$，光热转换效率达 95.22％。

Gan 研究小组报告了一种聚苯乙烯泡沫塑料（热绝缘体），它被涂有炭黑的纸（二维水路和太阳能吸收器）包裹，纸的边缘与下层水体接触［图 1-40］。通过这种方式，显示了有效的二维水供应，从而实现了高效的太阳能蒸发。

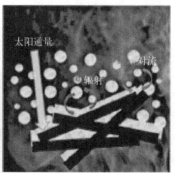

图 1-40　炭黑包裹的聚苯乙烯泡沫蒸发器示意图

陈刚课题组设计了一种双层结构（DLS），使用了新的方法和相应的结构，如图 1-41（b）所示，光热材料由能吸收 97％ 太阳能的剥离石墨层（约 5mm 厚）构成，表面积为 $320m^2 \cdot g^{-1}$，比石墨薄片高 32 倍，基底为隔热的泡沫碳（10mm 厚），这样的 DLS 双层具有亲水性，利用毛细管力使水上升到表面。脱落的石墨层的热导率为 $0.93W \cdot m^{-1} \cdot K^{-1}$，泡沫碳的热导率为 $0.43W \cdot m^{-1} \cdot K^{-1}$，双层结构能将热能局域化，有效地将水体运输到这个受热区域。图1-41(a) 是代表性的局部加热结构即结构和温度的截面分布示意图。在太阳光谱（250～2250nm）中其反射率＜3％，说明上部的膨胀石墨层吸收了97％的太阳能辐照。太阳能模拟器的光照是用金属镜面反射的45°角反射到一个矩形聚合物菲涅耳透镜（17.5cm×17.5cm）上，该课题组利用热电偶以及输出设备更精确地得到光热材料膜的蒸汽温度，更有力说明了是气液界面的局部加热，利用COMSO模拟综合考虑了各种太阳能损失，如反射、热传导、辐射、试验装置的寄生损失。图1-41(c) 和 (d) 是在1kW·m^{-2}和10kW·m^{-2}光照强度下，DLS结构的失重示意图。在1个标准太阳光强度下，材料的寄生损失比

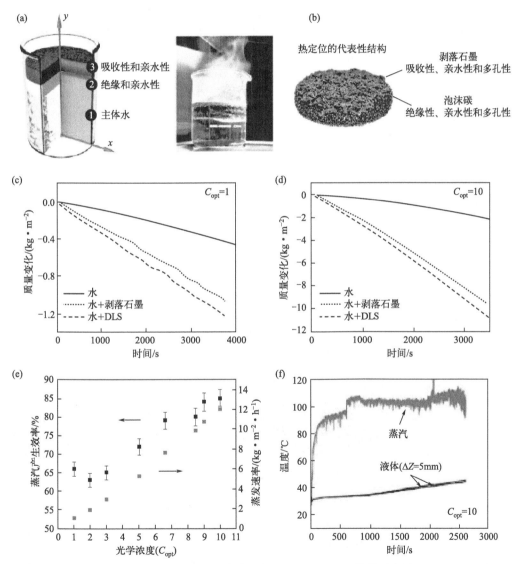

图 1-41 （a）典型双层结构（DLS）局部高温示意图；（b）DLS结构示意图；（c）～（f）双层
结构分别在1kW·m^{-2}至10kW·m^{-2}太阳光强度下的热蒸发性能，
以质量变化量和蒸汽产生效率作为指标

较多，为 35%，蒸发速率为 $1.0 \sim 1.1\text{kW} \cdot \text{m}^{-2} \cdot \text{h}^{-1}$，蒸汽温度达到 50℃，太阳能热转换效率为 65%；10 个标准太阳光强度下，DLS 光热材料的寄生损失为 15%，蒸发速率为 $11 \sim 12\text{kW} \cdot \text{m}^{-2} \cdot \text{h}^{-1}$，蒸汽温度达到 100℃，太阳能热转换效率为 85%。可以看出这种结构能发生热局域化，并将热损失降到最低，提高了光-蒸汽转化效率，如图 1-41(e) 和 (f) 所示，此结构有利于海水淡化效率的提高，同时为广泛的相变应用提供了一种新方法来获取太阳能。

1.7.3 纤维素纸材料

太阳能加热区域的高效供水对于转化效率至关重要。太阳能界面水蒸发需要从系统底部向水-空气界面不断地输送水，输运动力大多来自毛细管作用力，而毛细管作用力大小与毛细管直径有很大的关系。根据拉普拉斯作用力公式 $\Delta P = \gamma(1/R_1 + 1/R_2)$，其中 γ 代表界面蒸发体相液体的表面张力，R_1 与 R_2 代表着毛细管的曲率半径。从公式中可以得知，毛细管径越小，太阳能吸收器上下表面的压差就会越高，毛细管作用力就会越强。研究者们在水供应调控方面进行了大量研究，希望可以开发出既能高效传输水又能减少热损失的水供应通道。很多方案要么成本昂贵，制造复杂，要么使用寿命非常短。

近年来，针对这些问题，已经提出了越来越多的低成本系统，例如 Xu 用亲水性气流成网纸作为吸水膜，如图 1-42(a) 所示，并将其放置在电加热器的顶部，以从下方抽吸水进行连续蒸发。为了表征吸水性能，将气流成网纸与染料溶液直接接触。如图 1-42(b) 所示，气流成网纸很快被染料溶液润湿，吸附速率为 $0.11\text{kg} \cdot \text{h}^{-1}$，完全润湿的纸可以存储 $0.482\text{kg} \cdot \text{m}^{-2}$ 的水，如此高的吸水率可确保蒸发过程中有足够的水供应。

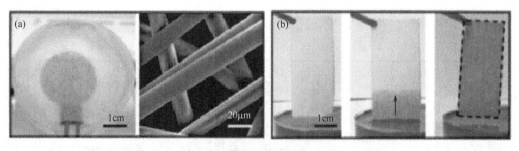

图 1-42　受睡莲叶启发的多级结构（WHS）器件

Au NP 作为局部光-热转换材料，在蒸发表面产生蒸汽泡不需要在大体积溶液中移动，可以减少热量损失，提高蒸发效率，是等离子体共振系统应用和再使用的首选。邓涛课题组在人体皮肤和植物叶子的生物蒸发系统的启发下，选用一种纺织类多孔亲水材料无尘纸作为基底，如图 1-43(b) 和 (c) 所示，将 20nm 金纳米胶体水溶液放在一个 50mL 的烧杯中，烧杯中间放置了一张无尘纸（55% 的纤维素，45% 的聚酯纤维），并由几根柱子支撑，烧杯和含有 10mL 甲酸的培养皿放在一个凡士林密封干燥器内，在室温下不受干扰。48h 后，在空气-水界面观察到一个自由漂浮的组合式 Au NP 薄膜（PGF），通过去除纳米颗粒膜下的过量溶液，薄膜就掉到了无尘纸上。无尘纸基底既可以提供机械稳定性，又具有低的热导率（$0.03\sim0.05W\cdot m^{-1}\cdot K^{-1}$）[图 1-43(a)]。无尘纸的来源丰富，成本低，在电子设备、电池、分析化学和临床化学方面引起了广泛的兴趣。PGF 比较方便携带，重复使用率高。如图 1-43（b），在 $4.5kW\cdot m^{-2}$ 下照射 15 分钟后，在 PGF 上观察到发热区，红外图像显示 PGF 的表面温度高达 80℃，而普通空气纸的表面温度保持在 40℃，Au 的表面温度为 61℃，PGF 的蒸发效率为 77.8%，而无基底的等离子体薄膜为 47.8%，这样高的蒸发效率有利于提高光-热转换的效率，从而有可能提高产率，说明 PGF 在太阳能脱盐中可大规模应用、可重复利用、淡化效率高。

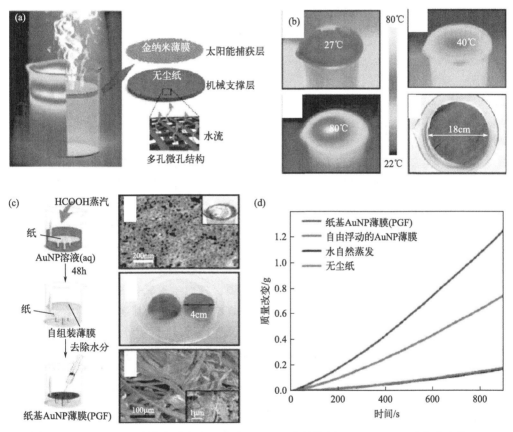

图 1-43　以无尘纸为基底的金纳米粒子薄膜（PGF）的结构图（a）、SEM 以及合成路线（c）；在 $4.5kW\cdot m^{-2}$ 下 15 分钟后的 PGF 结构和无尘纸表面的温度分布（b）及各种样品的蒸发失重图（d）

2

酞菁基光热材料的基本性质研究

2.1 引言

气候变化和环境可持续发展已成为人类社会发展必须面对的最紧迫的问题。近年来，中国持续加快发展方式绿色转型，协同推进降碳、减污、扩绿、增长，推进生态优先、节约集约、绿色低碳发展。在可持续能源还无法完全取代化石燃料的今天，人类对化石燃料过度依赖，注定使得世界在可预见的将来遭受更加严重的能源危机。人们普遍认为，除非采取有效的措施来阻止全球变暖，否则世界将面临严重的环境灾难。学者们认为，将全球气温上升控制在 1.5℃ 以下，并将二氧化碳排放量减少到零，对于控制全球变暖造成的损害规模至关重要。然而，二氧化碳并非人类单纯从事个体行为活动排放到大气中的，更多是由化石燃料的燃烧以及非再生能源的使用所产生的，这种消耗无疑会加剧环境问题。因此，我们需要可再生能源等可行的替代能源，这对于满足目前主要由经济活动产生的对全球能源的需求至关重要。从本质上讲，如果世界要减少对化石燃料的依赖，以应对气候变化和全球变暖，风能、太阳能和海洋能源等低碳可再生能源将发挥关键作用。同时，淡水资源短缺的问题也困扰着全世界。尽管地球七成以上的地区被水覆盖，但是绝大部分水都是无法直接饮用的海水，只有不到 3％ 的水是淡水。而且，很多淡水资源是人类目前无法利用的，我们能直接获取的淡水量不到地球淡水总量的十分之一。虽然淡水资源是一种可再生的资源，但是随着全球气候变暖、极端天气的增加、人口数量的增长和水污染问题无法有效处理，在全世界范围内获得足够的淡水变得愈加困难。我国也是一个十分缺水的国家，淡水资源在时空上分布不均限制了很多地区的经济发展和人民生活水平的提高。虽然五水共治、南水北调等一系列工程的实施对缓解水资源短缺以及地域不均起到很大的作用，但我国人均水资源占有量不足世界平均水平的三分之一的国情，注定我们在克服水资源的问题上任重道远。目前人们获取淡水的方法主要有三种：获取地下水、远程调水和海水淡化。这三种方式中，地下水开发有限；远程调水已成为我国大多数缺水城市的主要供水渠道；海水淡化已经形成相对完整的产业链，但是技术还需要不断完善。

另外，在传统的海水淡化和发电的过程中，化石能源被大量消耗，基础设备投资需要巨大的成本。化石燃料本身就是一种不可再生能源，随着化石燃料的继续消耗，全球气候变暖和雾霾等一系列环境问题将更加突出。因此，发展绿色、可持续的新能源成为未来的重要方向。在众多可持续能源中，太阳能是一种取之不尽、用之不竭而且几乎不会造成污染的能源，因而在学术研究和工业应用中逐渐受到重视。人们开始探索各式各样的太阳能转换途径，并开发出多种应用。与此同时，以太阳能为动力来源的海水淡化、蒸汽发电方式，不消耗不可再生的化石能源且成本低廉，为解决能源危机、水资源短缺问题开辟了一条新的环境友好的可持续发展的道路。

理想的太阳能蒸发体应该具有宽光谱吸收和高效的光热转换效率。在水蒸发过程中，太阳能蒸发体须具备以下三个条件方能实现高效的光热转换，分别是太阳能蒸发体须对太阳光有较高的吸收能力、太阳能蒸发体不与大量的水接触造成不必要的热量损失、太阳能蒸发体所吸收的太阳光转换成的热能必须有效加热与蒸发体接触的水层。光热材料作为太阳能蒸发体的核心材料，在太阳能利用中发挥着不可替代的作用。从实际应用的角度来看，引人注目的光热材料应具备强光吸收和宽光谱吸收、成本低廉易获得等显著特点。

有机化合物中典型的共轭聚合物，由于其具有高光吸收能力、低成本、重量轻和易于化学操作的特性，长期以来一直被作为光热材料进行研究；有机小分子因其结构容易修饰调节、高摩尔吸光系数、高光热稳定性也出现在人们的视野中。旋光活性高分子纳米材料，如聚苯胺（PANI）和聚吡咯（PPy）材料由于具有丰富的 π 电子离域结构、独特的光学性质而得到了广泛研究。在 Wang 课题组的研究工作中，共轭黑色聚合物 PPy 被用作光热材料。由于其原始的疏水性，PPy 被涂在不锈钢网上并置于气-液界面上。在 1 个标准太阳光强度下实现了 58% 的良好转换效率，与使用金基或碳基光热材料的系统相当。这项工作一个值得注意的事项是疏水性 PPy 光热膜的自修复特性，这有助于界面太阳能蒸发的持久应用。受自然植物蒸腾过程的启发，Liu 课题组开发了一种基于木材-聚多巴胺的结构，用于界面太阳能蒸汽发电。得到的木材-聚多巴胺结构满足高效太阳能蒸汽产生的所有标准，包括聚多巴胺强烈的光吸收和快速的光热转换促进了蒸汽的快速产生；木材具有自浮特性，可直接在气-液界面实现水蒸发；系统热导率低，抑制了系统的散热；木材的超亲水性和垂直排列的通道保证了水分持续输送到蒸发表面。该系统在高强度的辐射下，木材表面产生剧烈蒸发，并同时可以实现高效的蒸汽发电。有机小分子光热性能优异，抗光漂白性强，且易调节结构，在太阳能驱动的水蒸发领域是一种优秀的光热材料。受到小分子材料的启发，本文拟将酞菁类光热小分子应用于太阳能所驱动的水蒸发过程，下文将对其进行介绍。

酞菁是一种完全人工合成的化合物，其结构类似于自然界中的卟啉。20 世纪初，

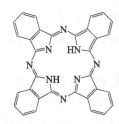

图 2-1　酞菁分子结构

酞菁在苏格兰的一家工厂中被发现，它具有优秀的酸碱耐受特性，后来科学家们确定结构特征后将其命名为 phthalocyanine（酞菁）。如图 2-1 所示，酞菁是由 8 个 N 原子和 32 个 C 原子组成的 16 中心 18-π 电子共轭体系的大共轭环。酞菁的特点是颜色较为鲜艳，生产成本低，着色性能好，光、热和化学稳定性好。酞菁不仅具有优良的光学特性，而且具有非常好的电学特性，在可见光中具有良好的吸收能力，并具有可调整的分子结构。长期以来，酞菁除了作为传统的染料和颜料外，还被广泛应用于生物治疗、太阳能电池等领域。由于酞菁分子中心存在一个空穴，它可以与铁、铜、钴、铝等金属元素相结合，继而形成金属络合物。对酞菁进行结构调整，可以通过引入中心金属、轴向取代基、周边取代基及非周边取代基来实现。酞菁的物理性质和化学性质也受其结构影响，进而发生变化。然而，酞菁的溶解性差，难以进行溶液加工，这使它的实际应用受到了限制。基于此，科研工作者们在酞菁环上引入取代基，这在改善酞菁溶解性的同时，也改变了酞菁化合物的其他性能。例如在酞菁上引入吸电子基团，可以有效降低 LUMO 轨道的能级，有利于提高其电子迁移率。

酞菁材料具有独特的大环共轭结构，且在空气、酸碱中都可以保持良好的稳定性，从而受到科学家们的青睐。通过对其结构性质进行研究，科学家们发现它独特的光学、电学等性质，并将它应用到非线性光学材料、气体传感器、太阳能电池、电致发光材料、电致变色以及生物治疗等诸多领域。同时酞菁分子也是一种优秀的光热材料，对其结构进行修饰可以得到一种具备宽光谱、优秀光热特性的小分子材料，同时还具备高刺激响应性和近红外发光特性等，因此酞菁及其衍生物在光热转换、光电转换方面有着十分重要的应用。近年来人们已经将酞菁应用在了传感器、太阳能电池、有机电致发光和光热治疗等领域。

酞菁类分子具有 18-π 电子共轭平面结构，在可见光范围内有着良好的吸收，在近红外激光的照射下同样也有很优秀的光热转换能力，因此其在有机光电、光热治疗、太阳能转换等领域都有着十分重要的应用。金属酞菁是一种非常受欢迎的有机光电材料，因为它具有大的 π 共轭体系和在可见光范围内的强光吸收以及优异的化学和热稳定性。中南大学孙佳教授和阳军亮教授团队利用高度有序的酞菁铜（CuPc）和对六苯基（p-6P）薄膜制备了高性能的有机光电晶体管（见图 2-2）。该有机光电晶体管在 365nm 紫外线辐照下，光电流与暗电流比和光响应度可分别高达 2.2×10^4 和 4.3×10^2 A·W^{-1}，这说明该晶体管具有很高的光电流与暗电流比和光响应度，为开发高性能晶体管拓展了新的思路，同时也促进了有机光电晶体管的发展。

同时，由于酞菁在近红外激光下优秀的光热转化能力和活性氧释放能力，已经被广泛应用于光热治疗以及光动力治疗中。上海交通大学方超课题组采用表面活性剂剥离方法进行设计，得到了小型曲妥珠单抗靶向胶束（T-MP），可产生强近红外吸收。T-MP 是一种有效的光热传感器，可在体外消融 HT-29 细胞。与对照组胶束相比，T-MP 在原位结直肠癌的淋巴结（LN）转移灶中积累更多。在手术切除原发性肿瘤后，用 T-MP 对转移性 LN 进行微创光热治疗，可以有效延长小鼠的存活时间（见图 2-3）。

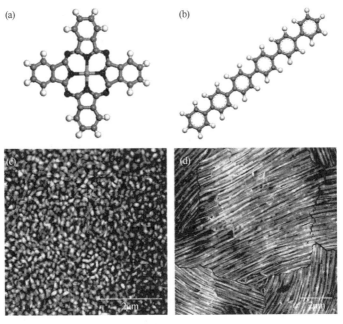

图 2-2　CuPc（a）和 p-6P（b）的分子结构；无序 CuPc 薄膜（$5\mu m \times 5\mu m$）（c）和
高度有序 CuPc/p-6P 薄膜（$10\mu m \times 10\mu m$）（d）的形貌图

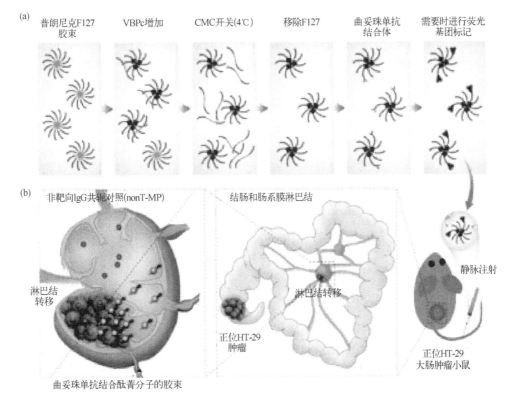

图 2-3　表面活性剂剥离 T-MP 示意图（a）和使用这种方法改善 LN 转移的靶向性（b）

酞菁类分子由于其高稳定性已经被广泛应用于光热治疗、太阳能电池等领域，但是在太阳能驱动的水蒸发过程中少有研究。因此本文将介绍对此分子进行结构修饰，以改善其溶解性和光谱范围，应用于水蒸发领域。

本章选择酞菁分子为核心，在外围引入烷氧基团和噻吩基团来改善其溶解性和吸收特性，从而得到了一种新型酞菁分子4OCSPC。本章对4OCSPC进行了光吸收特性分析和发光特性分析，证明4OCSPC是一种优秀的光热材料；而后在激光、太阳光下评估了它的光热特性。实验表明，4OCSPC在激光下具有良好的光热转换性能和稳定性，光热效率可达69.2%；在太阳光下依旧具备良好的光热转换能力和稳定性，光热转换效率可达17.2%。综上所述，4OCSPC材料是一种性能优异的有机小分子材料。

2.1.1 研究意义

淡水、电能与我们的生活息息相关，大到工业社会发展，小到人们生活中的衣食住行。因而为了缓解世界能源和水资源短缺问题，开发太阳能所驱动的海水淡化是十分有必要的。在化石能源短缺的今天，太阳能所驱动的水蒸发技术与温差发电过程为以绿色友好的方式解决世界能源危机提供了新的理念。

太阳能光热转换效率主要取决于太阳能蒸发体的构筑。太阳能蒸发体通过将光热材料所吸收的光能转换成热能，具有绿色环保等优势，近些年来已经走进人们的视野，人们开始不断地探寻它们的应用效果。太阳能蒸发体由光热材料和载体材料两部分所组成。对于光热材料，应当具备宽光谱、高效的太阳能吸收能力以及优异的抗光漂白性等特点；其次就是选择其载体材料，载体材料必须可以有效负载光热材料，热利用性能良好，且具备优秀的储水输水性能。此前，各种性能稳定的无机试剂得到了广泛研究，例如贵金属材料、碳基材料等，均展现出了卓越的性能。但是这些材料都存在其局限性，限制了它们的实际应用。近些年来，有机小分子材料映入人们的眼帘。基于酞菁材料的有机光热小分子越发受到人们的关注，但是由于其光谱以及溶解性的问题，在应用的过程中不断碰壁。基于此，可从制备优秀的太阳能蒸发体角度出发，制备具有优异性能的太阳能蒸发体材料。在太阳光的照射下，可以有效进行水蒸发和海水脱盐。同时，将此光热材料应用于温差发电的系统中，为产生低品级的电能开拓了新的途径。

2.1.2 研究内容

本研究内容主要分为以下三个方面：

（1）基于酞菁的光热材料的基本性质研究

针对目前酞菁材料的溶解性差和吸收光谱较窄等问题，本文设计了一种新型有机小分子。通过在 α 位修饰烷氧基团以改善其在有机溶剂中的溶解性；在 β 位修饰噻吩基团以增加其共轭程度，使其吸收光谱得以红移，得到了一个拓宽了光谱且溶解性较好的新型小分子4OCSPC。通过紫外吸收光谱、荧光发射光谱对其光物理性质进行分析；然后在太阳光下和激光下测试其光热转换能力和效率；最后通过热重测试分析其热稳定性后加以应用。

（2）基于酞菁的太阳能蒸发体的构筑和水蒸发性能研究

将 4OCSPC 负载在聚氨酯泡沫（PU）中，构筑了一个输水、储水性能良好，且具有高效太阳光吸收能力的太阳能蒸发体，并分析其水蒸发性能。将 PU＋4OCSPC 应用在海水环境中，模拟太阳能驱动下的海水脱盐过程，研究 PU＋4OCSPC 在海水淡化中的脱盐性能。

（3）基于酞菁的水蒸发热电转换一体化器件的构筑及其性能研究

在 4OCSPC 的基础上构筑了一个热电转换与水蒸发并行的一体化装置，并研究其水蒸发与热电转换性能。将上文中的有机小分子应用到温差发电过程中，涂覆在热电发电机上，测试其温差、输出电压、电压循环性能等；之后将 4OCSPC 应用到一体化装置中，在 1 个标准太阳光强度下测试水蒸发性能及此时的输出电压，最后测试了在不同太阳光强度下输出的电压情况，以探究一体化器件的热电转换性能。

2.2　结构设计

酞菁（Pc）是一种具有四吡咯共轭结构的有机分子。此外，大多数 Pc 有两个主要的 300～400nm 和 650～700nm 吸收带，具有优越的光/热稳定性、高摩尔吸光系数和相对较低的荧光量子产率。因此，酞菁可作为太阳能驱动水蒸发以及热电发电的光热材料。然而由于其自身的溶解性差、吸收性差，限制了它的实际应用。基于此，本文在酞菁的 α 位修饰烷氧基团以改善其在有机溶剂中的溶解性；在 β 位修饰噻吩基团以增加其共轭程度，使其吸收光谱得以红移。编者课题组以 2,3-二氯-5,6-二氰对苯醌（DDQ）为原料，通过邻苯二氰法经过一个环合反应得到了有机小分子 4OCSPC。

2.3　酞菁基光热材料光物理特性研究

2.3.1　光吸收特性研究

（1）紫外吸收光谱

将目标产物 4OCSPC 溶于四氢呋喃（THF）中配制成浓度为 $20\mu g \cdot mL^{-1}$ 的溶液。通过测试 4OCSPC 固体及液体的紫外吸收光谱来表征其光物理性质。如图 2-4 所示，4OCSPC 粉末在 300～1000nm 范围内具有良好的吸收；液体溶液的吸收范围较窄，在 800nm 附近处有明显吸收。由此得知，对比溶液状态，4OCSPC 粉末的吸收光谱有所拓宽，具有 300～1000nm 的宽波长吸收。

（2）摩尔吸光系数

配制不同浓度的 4OCSPC 的 THF 溶液，绘制浓度与其在紫外吸收光谱中测试的

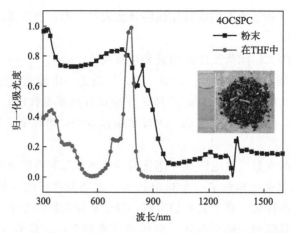

图 2-4　4OCSPC 在 THF 溶液（20μg・mL^{-1}）中和粉末状态的吸收光谱

插图为 4OCSPC 粉末和溶液在阳光下的照片

吸光度的线性相关图。如图 2-5 所示，图中的斜率即为 4OCSPC 的摩尔吸光系数，具体数值为 $4.1×10^5$L・mol^{-1}・cm^{-1}，可以说明 4OCSPC 具有良好的吸光性能。综上所述，本文得到了一种宽吸收光谱、高吸光能力的有机小分子，为有机材料在转换太阳能领域提供了新的思路。

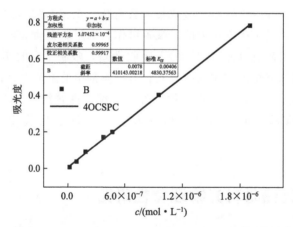

图 2-5　4OCSPC 在 THF 溶液中的吸光度与浓度曲线

2.3.2　发光特性研究

　　同样使用 THF 溶剂配制溶液，用稳态瞬态荧光光谱仪测试其固体、液体的荧光发射光谱。如图 2-6 所示，4OCSPC 溶液状态下在 750～875nm 范围内具有荧光发射信号，经测试荧光量子产率为 3.03%；而 4OCSPC 粉末状态基本没有荧光信号，同时呈现非常微弱的荧光量子产率，仅为 0.13%。因此，可以得出粉末状态 4OCSPC 基本无荧光信号且荧光量子产率很低。

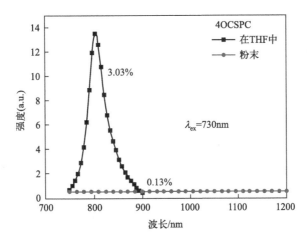

图 2-6　4OCSPC 在 THF 溶液中和粉末状态的荧光光谱（激发波长为 730nm）

2.4　酞菁基光热材料光热特性研究

2.4.1　激光下光热性质研究

（1）激光下 4OCSPC 升温性质及其稳定性研究

继研究了 4OCSPC 的光物理性质后，继续研究 4OCSPC 在激光下的光热转换能力。在一定梯度的激光功率密度下（$0.6W \cdot cm^{-2}$、$0.7W \cdot cm^{-2}$、$0.8W \cdot cm^{-2}$ 和 $0.9W \cdot cm^{-2}$），测试 4OCSPC 粉末的升温情况，记录数据，绘制升温曲线。在 $0.8W \cdot cm^{-2}$ 的激光功率密度下，照射 4OCSPC 粉末 30s；然后关闭激光器，使其自然冷却至室温，为一个循环。持续 5 个循环，记录其温度变化，绘制数据曲线。

利用红外热像仪记录温度变化并拍摄热红外照片，对 4OCSPC 的光热性能进行评价。如图 2-7(a) 所示，在 808nm（$0.8W \cdot cm^{-2}$）的激光照射下，4OCSPC 粉末在 20s 内温度急剧升高至 200℃左右，去除激光后迅速冷却至室温，表现出优异的光热性能。如图 2-7(b) 所示，随着激光功率密度的升高，粉末的温度也随之升高，最高温度可以达到 276℃。如图 2-7(c) 所示，用 808nm 激光照射 4OCSPC 粉末，在激光开关 5 个循环周期内，没有发生明显的光漂白现象，展现了 4OCSPC 优秀的光热转换性能和光热稳定性。

（2）激光下光热转换效率

4OCSPC 在激光下具有良好的光热转换能力以及光热稳定性，接下来对 4OCSPC 的光热转换效率进行测试。取 1mg 4OCSPC 粉末溶于 0.1mL THF 中，将此溶液滴在一个石英玻璃上形成一个均匀的薄膜。以功率密度为 $0.8W \cdot cm^{-2}$ 的 655nm 激光对石英玻璃进行照射，并用热成像仪记录温度。如图 2-8(a) 所示，温度达到平衡状态时，关闭激光绘制冷却曲线。

本书参考文献中计算了此过程中的光热转换效率。根据本系统的总能量平衡列式：

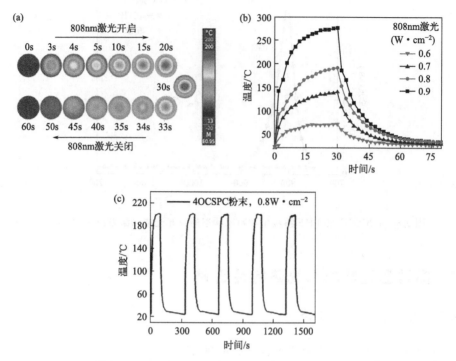

图 2-7　(a) 4OCSPC 粉末 (4mg) 在 808nm 激光 (开/关) 下 (0.8W · cm^{-2}) 的热红外图像；
(b) 不同激光功率密度下 (0.6W · cm^{-2}、0.7W · cm^{-2}、0.8W · cm^{-2}、0.9W · cm^{-2})，
4OCSPC 粉末在 808nm 激光照射下的光热转换行为；(c) 4OCSPC 粉末在 5 个加热-冷却
循环过程中的抗光漂白性能

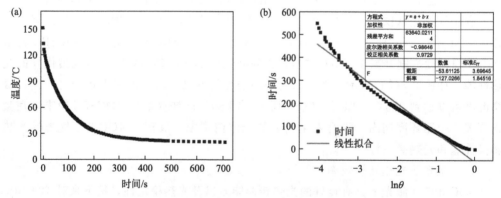

图 2-8　655nm 激光 (0.8W · cm^{-2}) 照射 4OCSPC 薄膜的冷却曲线 (a) 和
其相应的时间与 lnθ 线性曲线 (b)

$$\sum_i m_i C_{pi} \frac{dT}{dt} = Q_s - Q_{loss} \tag{2-1}$$

式中，m_i (0.3021g) 和 C_{pi} (0.8J · g^{-1} · ℃$^{-1}$) 分别为系统部件 (4OCSPC
样品和石英玻璃) 的质量和热容；Q_s 是激光照射到 4OCSPC 样品时输入的光热热

能；Q_{loss} 是损失给周围环境的热能。当温度达到最大值时，系统处于平衡状态，此时：

$$Q_s = Q_{loss} = hS\Delta T_{max} \tag{2-2}$$

式中，h 为传热系数；S 为容器表面积；ΔT_{max} 为最大温度变化量。光热转换效率 η 由下式计算得到：

$$\eta = \frac{hS\Delta T_{max}}{I(1-10^{-A_{655}})} \tag{2-3}$$

式中，I 为激光功率密度（$0.8W\cdot cm^{-2}$）；A_{655} 为样品在 655nm 波长处的吸光度。

为了得到 hS，本文引入了一种无量纲驱动力温度 θ〔如图 2-8(b) 所示〕：

$$\theta = \frac{T-T_{surr}}{T_{max}-T_{surr}} \tag{2-4}$$

式中，T 为 4OCSPC 的温度；T_{max} 为系统最高温度（151℃）；T_{surr} 为初始温度（18.8℃）。

样本系统时间常数 τ_s：

$$\tau_s = \frac{\sum_i m_i C_{p,i}}{hS} \tag{2-5}$$

因此：

$$\frac{d\theta}{dt} = \frac{1}{\tau_s}\frac{Q_s}{hS\Delta T_{max}} - \frac{\theta}{\tau_s} \tag{2-6}$$

当激光器关闭时，$Q_s=0$，根据式(2-6)，$\frac{d\theta}{dt}=-\frac{\theta}{\tau_s}$，得到 $t=-\tau_s\ln\theta$。因此，τ_s 为 127，光热转换效率 η 为 69.2%。

2.4.2　太阳光下光热性质研究

（1）太阳光下 4OCSPC 升温性质及其稳定性研究

本文将 4OCSPC 放置在模拟太阳光下研究它的光热转换能力以及光热稳定性。在一定梯度的太阳光强度下（$50mW\cdot cm^{-2}$、$100mW\cdot cm^{-2}$、$150mW\cdot cm^{-2}$ 和 $200mW\cdot cm^{-2}$），测试 4OCSPC 粉末的升温情况，记录数据，绘制升温曲线。在 1 个标准太阳光强度下，照射 4OCSPC 粉末 10min；然后关闭激光器，使其自然降至室温，为一个循环。持续 5 个循环，记录其温度变化，绘制数据曲线。

4OCSPC 的光热性能通过热红外成像仪进行评估，快速记录温度变化。如图 2-9(a) 所示，在 $100mW\cdot cm^{-2}$ 的太阳光强度下，温度在 5min 内会上升到 50℃。如图 2-9(b) 所示，在更高的太阳光强度下可以上升到 69.5℃。如图 2-9(c) 所示，温度可以在模拟太阳光源开关周期下仍保持在 50℃，显示 4OCSPC 在太阳光下具有良好的光热稳定性。

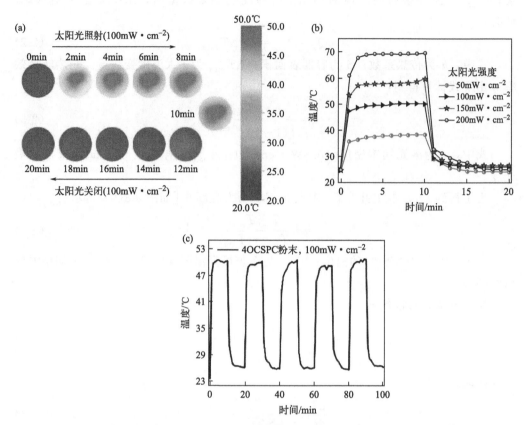

图 2-9　(a) 4OCSPC 粉末（5mg）在模拟太阳光（开/关）下（100mW·cm^{-2}）的
热红外图像；（b）在不同强度模拟太阳光照射下（50mW·cm^{-2}、100mW·cm^{-2}、
150mW·cm^{-2} 和 200mW·cm^{-2}），4OCSPC 粉末的光热行为；
（c）4OCSPC 粉末在 5 个周期内的抗光漂白性能

（2）太阳光下光热转换效率

通过上述研究，可以得知 4OCSPC 具有优秀的光热转换能力和稳定性。接下来，本文继续探究它在太阳光下的光热转换效率。将 2.0mg 的 4OCSPC 和 40.0mg 的 F127 在 1.0mL THF 中完全溶解 1h，在室温下剧烈搅拌，缓慢滴入 5.0mL 去离子水。搅拌 30min 后，用 3.5kDa 透析膜对去离子水透析 72h 去除 THF，如图 2-10(a) 所示，所得 4OCSPC/F127 溶液为澄清绿色。将样品的水溶液（50μg·mL^{-1}，1mL）置于有保温层的烧杯中，并用模拟太阳光照射溶液，以此来测量太阳能光热转换效率。模拟太阳光照射 30min 后，利用热红外成像仪记录溶液的温度，计算溶液的光热转换效率 η，公式如下：

$$\eta = \frac{Q}{E} = \frac{Q_1 - Q_2}{E} \tag{2-7}$$

式中，Q 为所产生的热能（即 $Q_1 - Q_2$）；Q_1 为 4OCSPC 产生的热能；Q_2 为纯水产生的热能；E 是入射光的总能量。Q 由辐照期间溶液的热容（C）、密度（ρ）、体积（V）和温差（ΔT）决定；E 由入射光的功率（P）、照射面积（S）和照射时间（t）决定。按照公式进行计算：

$$Q_1 = Cm\Delta T_1 = C\rho V\Delta T_1 \tag{2-8}$$

$$Q_2 = Cm\Delta T_2 = C\rho V\Delta T_2 \tag{2-9}$$

$$E = PSt \tag{2-10}$$

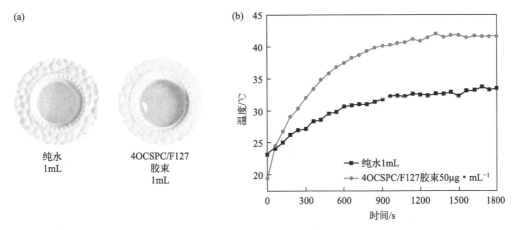

图 2-10　(a) 容器中 1mL 纯水和 1mL $50\mu g \cdot mL^{-1}$ 4OCSPC/F127 胶束的照片；

(b) 1mL 纯水和 1mL $50\mu g \cdot mL^{-1}$ 4OCSPC/F127 胶束在模拟太阳光下

($100mW \cdot cm^{-2}$) 的温度变化

本文中，由于样品在溶液中含量很低，计算过程中使用水的 C 值为 4.18 $J \cdot g^{-1} \cdot ℃^{-1}$，$\rho$ 值为 $1g \cdot cm^{-3}$。如图 2-10(b) 所示，辐照 4OCSPC/F127 胶束过程中的表面温度为 41.7℃，初始温度为 19.6℃，因此 ΔT 为 22.1℃。根据上面的公式，得到：

$$Q_1 = C\rho V\Delta T_1 = 4.18 \times 1 \times 1 \times 22.1 = 92.38(J)$$

$$Q_2 = C\rho V\Delta T_2 = 4.18 \times 1 \times 1 \times 10.7 = 44.73(J)$$

$$E = PSt = 0.1 \times 1.5386 \times 1800 = 276.948(W \cdot s)$$

$$\eta = \frac{Q_1 - Q_2}{E} = \frac{92.38 - 44.73}{276.948} = 17.2\%$$

因此，当温差为 22.1℃时，4OCSPC 光热转换效率 $\eta = 17.2\%$。

2.5　酞菁基光热材料热稳定性研究

在空气和氮气气氛下，使用 Pyris 1 分析仪以 $10K \cdot min^{-1}$ 的速率进行热重分析测试。如图 2-11(a) 所示，在不高于 289℃时，在空气和氮气中 4OCSPC 没有质量变化；如图 2-11(b) 所示，在空气和氮气气氛中 4OCSPC 在 290℃之后开始快速分解失重，这证明 4OCSPC 具有较好的热稳定性。

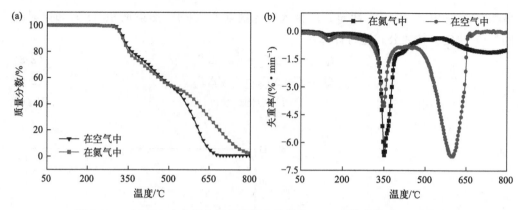

图 2-11　4OCSPC 在空气和氮气环境中的热重（a）和微商热重（b）曲线

2.6　基于酞菁的太阳能蒸发体构筑和水蒸发性能研究

　　太阳能的利用是解决环境问题的一种绿色友好的方式，同时太阳能驱动的水蒸发技术也得到了越来越多的关注。太阳能的有效利用依赖于太阳能蒸发体材料的性能。载体材料是太阳能蒸发体材料的重要组成之一，可以在蒸发过程中起到隔热、吸水的作用。

　　利用漂浮在气-液界面的太阳能蒸发体来捕获太阳能，集中热量蒸发水，有效避免了传统加热技术中的热损失，大幅度提高了水蒸发效率。4OCSPC 是一种高性能、高光热稳定性的有机小分子材料，在聚集态时具有 300～1000nm 的宽吸收光谱。聚氨酯软泡（PU）是一种易获得、低热导率、高储水输水能力的骨架载体材料。将 4OCSPC 负载到多孔的聚氨酯软泡中，得到了一种性能优异的太阳能蒸发体材料（PU＋4OCSPC），在太阳能驱动的水蒸发过程中，展现出高效的光热转换效率和水蒸发速率。

2.7　载体材料的性质研究

　　为了获得高效的光热转换能力，选取的载体材料应符合以下要求：①能负载光热材料；②热利用率高，热耗散少，使得产生的热量集中用于蒸发水；③水输送能力强，保证蒸发界面水分充足；④韧性好，可以回收利用。

　　因此，本文选择了四种载体材料，分别是椴木、纤维素纸、聚氨酯软泡（PU）、聚氨酯硬泡，测试它们的输水、储水能力。

2.7.1　输水能力

　　将椴木、聚氨酯软泡、聚氨酯硬泡、纤维素纸放进 5mL 红墨水中。随着时间的变化，观察在 100s 内红墨水在载体材料的上升高度。继而以时间为横坐标，流动高度为纵坐标作图，比较四种载体材料的输水性能。

图 2-12 为四种载体材料吸水能力示意图。椴木内部呈天然的导管和管腔结构，使得水在其内部可以很好地运输；纤维素纸的毛细作用和较好的亲水性能，使它的输水能力遥遥领先。相比之下，聚氨酯硬泡和聚氨酯软泡的输水性能较差。在 100s 时，椴木上墨水的上升高度为 7.5mm；纤维素纸上的墨水上升高度为 26mm；聚氨酯硬泡、聚氨酯软泡中墨水的上升高度大概为 1mm。实验结果表明，纤维素纸的输水能力远远高于其他三种材料，是一种具备优异输水能力的载体材料。

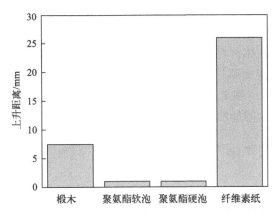

图 2-12　椴木、聚氨酯软泡、聚氨酯硬泡、纤维素纸的输水性能

2.7.2　储水能力

实验之前，先对椴木、聚氨酯硬泡、聚氨酯软泡、纤维素纸的质量进行称量，记录下初始质量。然后将它们完全浸没在去离子水中，每间隔 1min，取出擦干表面水分，对其质量进行称量。以时间为横坐标，以单位质量样品所吸收水的质量为纵坐标作图，分析载体材料的储水性能。

通过对储水能力的分析，绘制了如下曲线（图 2-13）。从图中可以看出，随着时

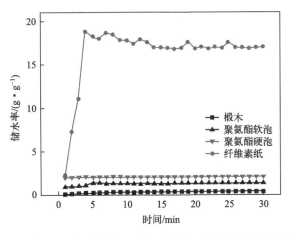

图 2-13　椴木、聚氨酯软泡、聚氨酯硬泡、纤维素纸的储水性能

间的推移，单位质量的椴木、聚氨酯硬泡、聚氨酯软泡和纤维素纸的储水能力均在 30min 达到了稳定。在 30min 时，椴木的储水率为 0.4000g·g^{-1}，聚氨酯软泡的储水率为 17.0121g·g^{-1}，聚氨酯硬泡的储水率为 1.3677g·g^{-1}，纤维素纸的储水率为 2.1201g·g^{-1}。该实验表明，聚氨酯软泡的储水能力远远高于其他三种载体材料，是一种优秀的储水材料，可以为后续水蒸发过程提供足够的水分。

2.8 PU+ 4OCSPC 材料的制备

通过对以上四种载体材料的性能评估，发现聚氨酯软泡是一种非常优秀的储水类材料，因而本文在水蒸发部分选择聚氨酯软泡为载体材料。将 5.0mg 4OCSPC 溶解于 THF 溶剂中，之后将聚氨酯泡沫（PU）充分浸渍，最后将泡沫置于干燥箱中干燥，得到一个绿色的太阳能蒸发体材料（PU+4OCSPC），如图 2-14。

图 2-14　PU+4OCSPC 的制备过程

2.9 PU+ 4OCSPC 基本性质研究

2.9.1 PU+ 4OCSPC 表观形貌分析

通过上述实验过程制备出了 PU+4OCSPC。对空白泡沫和 PU+4OCSPC 进行扫描电镜测试。如图 2-15 所示，通过浸渍得到了一个绿色的聚氨酯泡沫。扫描电镜图显示空白泡沫内部骨架较为光滑，而浸渍过的泡沫骨架较为粗糙，证明 4OCSPC 成功附着。

2.9.2 PU+ 4OCSPC 光吸收特性分析

准备好未浸渍的泡沫和浸渍好的泡沫（PU+4OCSPC）。将样品放置于带有积分球的紫外-可见-近红外分光光度计中，分别进行紫外吸收光谱测试，并与太阳光光谱拟合绘制曲线。如图 2-16 所示，浸渍后的泡沫在太阳光可见区域有吸收信号。在 300~1000nm 范围内，PU+4OCSPC 对太阳光具有良好的吸收；而空白 PU 的吸收光谱很窄且吸收能力较弱。因此，PU+4OCSPC 是一种优秀的太阳能蒸发体材料。

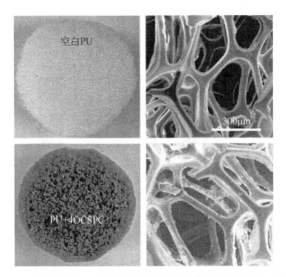

图 2-15　空白 PU 和 4OCSPC 负载 PU（PU＋4OCSPC）泡沫的
照片和扫描电镜图像

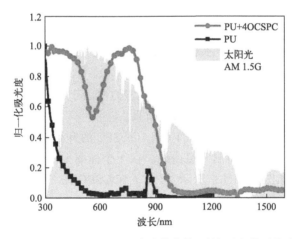

图 2-16　PU 和 PU＋4OCSPC 泡沫的紫外-可见-近红外吸收光谱和
太阳光谱辐照度（灰色）

2.9.3　PU+ 4OCSPC 热导率分析

用恒温系数仪（C-THERM TCi）测试了空白 PU 和 PU＋4OCSPC 泡沫的热导率。如图 2-17 所示，通过测试得出 PU 的热导率为 $0.038W \cdot m^{-1} \cdot K^{-1}$，PU＋4OCSPC 的热导率为 $0.048W \cdot m^{-1} \cdot K^{-1}$。实验结果表明，PU＋4OCSPC 具有很低的热导率，低热导率可以使产生的热量大部分留在蒸发系统而不是向外界传递。更多的热量留在太阳能蒸发体表面可以有效地蒸发水，低热导率也可以避免不必要的热损失，使蒸发效率最大化。

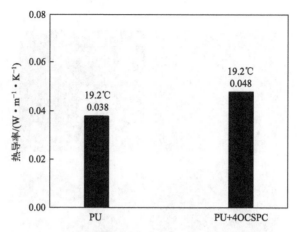

图 2-17　在 19.2℃时，PU 和 PU＋4OCSPC 的热导率

2.10　PU＋4OCSPC 光热性能研究

在 1 个标准太阳光强度下，测试 PU＋4OCSPC 的升温情况，使用热红外成像仪记录温度。在升温过程中（30s、60s、90s、120s、300s 以及 600s）拍摄热红外照片，绘制温度曲线。如图 2-18(a) 所示，空白 PU 所能达到的平衡温度在 33.6℃左右，而负载了 5mg 4OCSPC 的 PU 平衡温度可达到 66.5℃，两者形成鲜明对比。而图 2-18(a) 中的插图表明，可以通过肉眼观察到在 PU＋4OCSPC 中太阳能转换为热能的过程。PU＋4OCSPC 泡沫优异的光热转化能力归因于 4OCSPC 小分子优秀的光热性能，以及 PU 的低热导率和良好的保温效果。

在 1 个标准太阳光强度下，测试 PU＋4OCSPC 的升温情况，持续照射 2h。用热红外成像仪记录实时数据，绘制升温曲线。在 1 个标准太阳光强度下连续照射 PU＋4OCSPC 泡沫 2h。如图 2-18(b) 所示，PU＋4OCSPC 在 2h 内的温度一直很稳定地

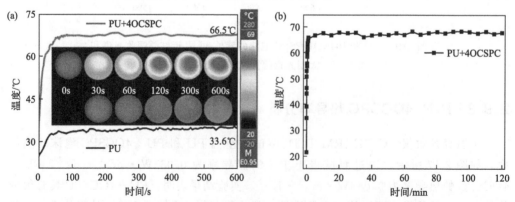

图 2-18　(a) PU 和 PU＋4OCSPC 在 1 个标准太阳光强度下的升温情况，插图显示 PU 和
PU＋4OCSPC 在 1 个标准太阳光强度下的热红外图像；(b) PU＋4OCSPC 在 1 个标准
太阳光强度下 2h 后的温度变化

保持在 66.5℃左右，表明 PU＋4OCSPC 在太阳光下具备优异的光热稳定性，显示了它优异的抗光漂白性能。

2.11 PU+ 4OCSPC 水蒸发性能研究

将 PU＋4OCSPC 泡沫放在装满水的石英烧杯上。阳光由一个带有标准 AM 1.5G 光谱（CEL-S500）光学滤光器的太阳模拟器产生，在 1 个标准太阳光强度下照射样品。用分析天平测量水的失重，用热红外成像仪记录整个过程的温度。

将 PU＋4OCSPC 泡沫运用到实际的水蒸发测试中。如图 2-19（a）所示，在阳光的照射下，凝结成液滴的水蒸气出现在烧杯壁上。也拍摄了水蒸发过程中 PU＋4OCSPC 的热红外照片，证明了在太阳能转化为热能的过程中，能量的确大多位于气-液界面的 PU＋4OCSPC 处。在气-液界面处 PU＋4OCSPC 的能量和温度都远高于主体水的能量和温度。主体水的温度一直维持在 30℃左右，而 PU＋4OCSPC 表面温度维持在 36.5℃左右。

为了评估太阳能驱动水蒸发的效率，在 1 个标准太阳光强度下测试蒸发效率。如图 2-19（b）所示，PU＋4OCSPC 的水蒸发速率为 $1.262 kg \cdot m^{-2} \cdot h^{-1}$，远远高于单独水蒸发速率和空白 PU 水蒸发速率。本文计算了 PU＋4OCSPC 的水蒸发效率，可高达 86.6%。实验表明，4OCSPC 的负载有效提高了水蒸发效率，而该太阳能蒸发体的确可以有效地加快太阳能驱动下的水蒸发进程。

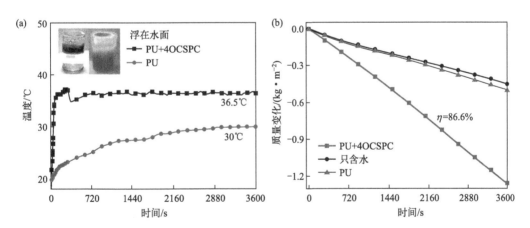

图 2-19 （a）在 1 个标准太阳光强度下浮于水面的 PU 和 PU＋4OCSPC 的温度变化，插图显示了日光下的照片和相应的热红外图像；（b）在 $1kW \cdot m^{-2}$ 的太阳光下模拟无（只含水）、有 PU 和 PU＋4OCSPC 的水分蒸发曲线
制备 PU＋4OCSPC 时，4OCSPC 的用量为 5mg

为了测试 4OCSPC 在 PU 中的负载量对水蒸发性能的影响，制备了不同负载量（PU＋4OCSPC-2.5mg、PU＋4OCSPC-5mg、PU＋4OCSPC-7.5mg、PU＋4OCSPC-10mg）的泡沫进行测试。分别测试这几种泡沫在 1 个标准太阳光强度下的升温情况，

漂浮在水面上时的升温情况，水蒸发过程中的质量损失曲线及水蒸发效率。如图 2-20(a) 所示，随着负载质量的增大，PU＋4OCSPC 材料的升温情况基本相差不多，只有 PU＋4OCSPC-2.5mg 温度上升较少。如图 2-20(b) 所示，随着负载质量的增大，漂浮在水面上的 PU＋4OCSPC 材料的温度有不同程度的上升。如图 2-20(c) 和 (d) 所示，从四种负载量不同的泡沫的水蒸发过程中的质量损失曲线可以看出，在负载量为 5mg、7.5mg 和 10mg 的情况下，它们的质量损失基本持平，因而它们的水蒸发效率也很接近。因此出于对成本和蒸发性能的考虑，选择质量低、蒸发效果好的负载体系 PU＋4OCSPC-5mg。

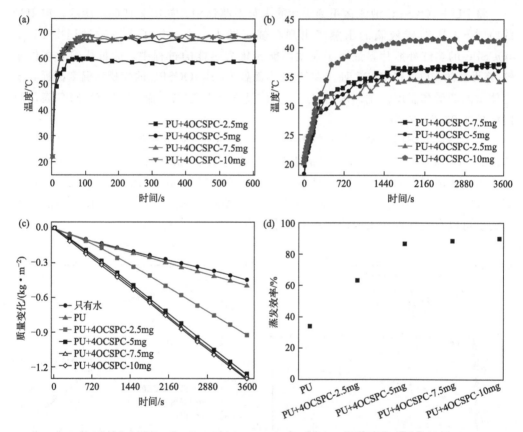

图 2-20　(a) 干燥 PU＋4OCSPC 泡沫的表面温度变化；(b) 1 个标准太阳光强度下水面上
相应泡沫的表面温度变化；(c) 水的质量损失和 (d) 在 1 个标准太阳光强度下，
不同质量的 4OCSPC 负载 PU 泡沫的水蒸发效率

高效的太阳能光热转换效率，获得的热量的利用率决定了系统的整体效率。热转移通过三种方式发生：传导、对流和辐射。传导需要热源与目标之间的直接接触；对流发生在流体中；辐射由电磁波传播，无须直接接触。

在典型的太阳能水蒸发系统中，转换热量可以分为三个主要部分：能量为水蒸发提供动力；太阳能蒸发体材料的辐射能量损失；热量散失到环境中所造成的对流损失。以上，太阳能蒸发体的进一步改进依赖于减少辐射能量损失，增加用于水蒸发的热量。本文通过下述公式，计算水蒸发过程中的能量损失。

（1）传导损失 η_{cond} 的计算

$$P_{cond}=\frac{Cm\Delta T}{At} \tag{2-11}$$

$$\eta_{cond}=\frac{P_{cond}}{P_{in}} \tag{2-12}$$

式中，P_{cond} 为 PU＋4OCSPC 对水的传导热通量；C 为液态水的比热容，为 4.18J·g^{-1}·℃$^{-1}$；t 为辐照时间，s；m 为水的质量，g；ΔT 为 30min 内散装水升高的温度,℃；A 为投影面积，m^2；P_{in} 为入射光功率，为 1000W·m^{-2}。

将 $t=1800$s，$m\approx8$g，$\Delta T=3.1$℃、$A=0.000314$m^2 代入式(2-11) 和式(2-12)，得到 $P_{cond}=183$W·m^{-2}，$\eta_{cond}=18.3\%$。

（2）辐射损失 η_{rad} 的计算

辐射通量是基于 Stefan-Boltzmann 定律计算的。

$$P_{rad}=\varepsilon\sigma(T_2^4-T_1^4) \tag{2-13}$$

$$\eta_{rad}=\frac{P_{rad}}{P_{in}} \tag{2-14}$$

式中，P_{rad} 为 PU＋4OCSPC 对水的辐射热通量；ε 为辐射系数；σ 为 Stefan-Boltzmann 常数，为 5.67×10^{-8} W·m^{-2}·K^{-4}；T_2 为 PU＋4OCSPC 太阳能蒸发体表面温度；T_1 为太阳能蒸发体附近环境的温度；P_{in} 为入射光功率，为 1000W·m^{-2}。

PU＋4OCSPC 的辐射系数为 0.53，是用吸收光谱和普朗克公式计算出来的。将 $T_2=306.45$K、$T_1=303.65$K 代入式(2-13) 和式(2-14)，得到 $P_{rad}=9.5$W·m^{-2}，$\eta_{rad}=0.95\%$。

（3）对流损失 η_{conv} 的计算

对流损失是根据牛顿冷却定律计算的。

$$P_{conv}=h(T_2-T_1) \tag{2-15}$$

$$\eta_{conv}=\frac{P_{conv}}{P_{in}} \tag{2-16}$$

式中，P_{conv} 为 PU＋4OCSPC 对水的对流热通量；h 为传热系数，约为 5W·m^{-2}·K^{-1}；T_2 为 PU＋4OCSPC 太阳能蒸发体表面温度；T_1 为太阳能蒸发体附近环境的温度；P_{in} 为入射光功率，为 1000W·m^{-2}。

将 $T_2=306.45$K、$T_1=303.65$K 代入式(2-15) 和式(2-16)，得到 $P_{conv}=14$W·m^{-2}，$\eta_{conv}=1.4\%$。

2.12 PU＋4OCSPC 海水淡化性能研究

从黄海采集海水样本用于海水淡化。利用电感耦合等离子体光谱仪（ICP-OES、

Avio 200）测定海水淡化前后存在的 4 种主要离子（Na^+、Mg^{2+}、Ca^{2+}、K^+）的浓度。将 PU＋4OCSOC 泡沫放入盛有海水（黄海海水）的烧杯中，在 1 个标准太阳光强度下，蒸发海水并收集处理过的水。采用 ICP 测试海水蒸发过程，淡化前后四种主要离子的浓度，并以离子类型为横坐标，离子浓度为纵坐标作图，分析海水淡化过程中离子浓度的变化。

为了测试海水脱盐效果，本文对黄海海水的样本进行实验。在实验前后均采用 ICP 测试海水中的离子浓度和收集到的淡水中的离子浓度。如图 2-21 所示，原始海水样本中四种金属离子（Na^+、Mg^{2+}、Ca^{2+}、K^+）浓度分别为 1.1×10^5 $mg \cdot L^{-1}$、$4 \times 10^4 mg \cdot L^{-1}$、$7.7 \times 10^3 mg \cdot L^{-1}$、$1.4 \times 10^4 mg \cdot L^{-1}$。经过海水淡化实验，测得四种金属离子（$Na^+$、$Mg^{2+}$、$Ca^{2+}$、$K^+$）浓度均有明显下降，分别为 $14.13 mg \cdot L^{-1}$、$2.11 mg \cdot L^{-1}$、$4.58 mg \cdot L^{-1}$、$4.08 mg \cdot L^{-1}$。该实验表明，PU＋4OCSPC 这种多孔结构的太阳能蒸发体可以有效进行海水脱盐，在海水淡化实验中展现了优异的海水脱盐能力及效果。

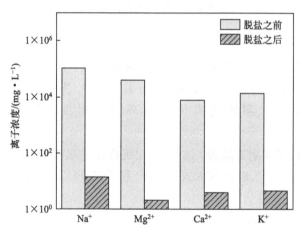

图 2-21　黄海海水淡化前后 Na^+、Mg^{2+}、Ca^{2+}、K^+ 四种主要离子浓度的测定
（室温大约为 20℃）

2.13　基于酞菁的太阳能蒸发体的水电联产一体化器件研究

为应对日益严重的能源短缺问题，研究人员正在积极开发对生态环境有利的新型能源，如风能、太阳能、潮汐能、地热能等等。太阳能驱动的温差发电是一种绿色环保的发电方式。它是基于热电材料赛贝克效应的一种发电技术。处于高温端的热电材料空穴浓度高于低温端，在浓度梯度的作用下，空穴和电子向低温端扩散，从而形成电流。热电材料通过这种方式直接将热能转换成电能。目前，水蒸发和温差发电过程很难同时进行。本文受毛细作用的启发设计了一种新型装置，可以使水蒸发与温差发电并行。

有机小分子 4OCSPC 具备优异的光热特性，利用其制备的太阳能蒸发体展现出较好的蒸发性能。基于此，可使用一种新型的 TE 模块与光热材料 4OCSPC 相结合，构建一套小型发电设备。在此过程中，利用光热材料经太阳光照射产生的热能和热电模块另一端接触循环水冷源所产生的温差来进行发电。此外，以纤维素纸为载体材料，构筑了另外一种太阳能蒸发体材料（4OCSPC@paper），在 4OCSPC@paper 的基础上设计了一种新型的水电联产系统。在太阳能界面蒸发系统可以有效地进行温差发电与水蒸发并行，为偏远地区获得淡水和电能提供了希望。

2.14 热电器件的制备

温差发电技术是一种合理利用太阳能、余热等低品位能源转换成电能的有效方式。热电装置可以直接将温差转换成电能，其根本原理是基于热电材料的塞贝克效应，温差是影响电压的直接因素。如图 2-22 所示，设计了如下设备：将 20mg 4OCSPC 溶解于 1mL THF 中，然后与导热硅脂混合，涂覆于空白热电发电机表面（TEC1-12706，40mm×40mm×3.6mm）；而后使发电机背面与循环水箱紧密相连，从而形成太阳能驱动的热电发电装置。实验中的热电数据都是通过 Keithley 6514 设备来进行测试和输出的。

图 2-22 空白器件和热电器件的照片

（上部：无涂层的光热材料；下部：涂 4OCSPC 的光热材料）

2.15 热电转换性质研究

（1）电压性能研究

分别在 1、2、5 个标准太阳光强度下，保持循环水箱内循环水流速相同，测试热电发电机表面的温度和循环水箱表面的温度，求得两者之间的温差，采用热红外相机监测温度变化；使用 Keithley 6514 设备测试了在相应太阳光强度下产生的电压，具体电压数值由 Keithley 6514 设备导出，绘制时间与电压的曲线。

如图 2-23 所示，此热电设备在 1、2、5 个标准太阳光强度下，分别可以得到 124mV、186mV 以及 221mV 的电压。随着太阳光强度的增大，热电发电机所获得的温差和输出的电压也有不同程度的增大。在强太阳光下，热电发电机输出的电压可以使小风扇快速转动，最大转速可达 104r·min^{-1}。该实验表明，将光热材料涂覆在热电发电机上产生了较强的电压信号，为偏远地区解决能源问题提供了一个新的思路。

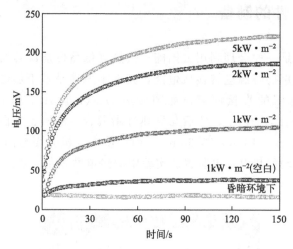

图 2-23　不同的太阳光强度下产生的开路电压

（2）电压稳定性研究

保持循环水箱循环水流速一致，分别在 1、2、5 个标准太阳光强度下测试产生的电压。在 1 个标准太阳光强度下，当电压达到稳定时，将太阳光光源移开，进行冷却，可发现电压下降至初始位置；而后将光源继续照射热电发电机，测试电压曲线，反复 5 次。在 2、5 个标准太阳光强度下进行同样的实验。

如图 2-24 所示，热电发电机输出的电压在不同的光强下均处于稳定状态。在测

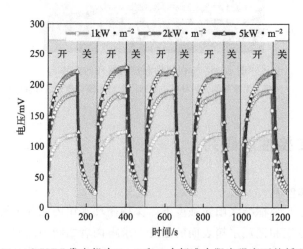

图 2-24　4OCSPC 发电机在 1、2 和 5 个标准太阳光强度下的循环性能

试 5 个循环的过程中，发现电压在达到前一次测试的最高点而再次进行冷却时，依旧可以回到原来电压的最高点，这展示了有机光热材料 4OCSPC 优异的抗光漂白性能。在经历了多次的循环过程后，电压依旧没有发生较大变化，体现了该发电设备优异的光热稳定性能。

2.16 一体化水电联产装置设计

本文设计了一种一体化水电联产模型。以纤维素纸为载体，将 4OCSPC 材料附着在纤维素纸上，并在空白热电模块润湿。之后将纤维素纸的侧面插入水中，起到"水泵"的作用；以聚苯乙烯（PS）泡沫为框架使其可以漂浮在水面上，热电模块的底部浸入大量的水中，使得上下两部分形成温差，从而产生电压。此过程中水的质量损失过程由电子秤记录，并绘制质量损失曲线。

如图 2-25 所示，纤维素纸深入水下，其优秀的输水能力使得蒸发界面水分充足。同时，纤维素纸部分产生的热量也加热了热电发电机上部，与下部形成有效温差。热电发电机可以将产生的温差转换成电能，电压信号可以通过 Keithley 6514 输出。

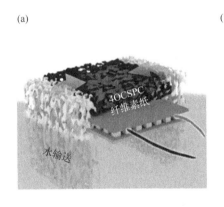

图 2-25 （a）协同发电和水蒸发的示意图；（b）发电和蒸汽产生装置照片

2.17 一体化装置水蒸发性能研究

本实验是在室温下进行，使用配备 AM 1.5G 滤波器的太阳能模拟器作为光源，调整到 1 个标准太阳光强度。使涂覆 4OCSPC 的纤维素纸部分紧贴热电发电机，两端纤维素纸插入水中，整个系统放在装满水的玻璃缸中。实验过程中的温度使用热红外相机进行记录，水的质量损失采用电子秤进行记录。

如图 2-26 所示，空白纤维素纸在一体化实验中的蒸发效率较低，涂覆了 4OCSPC 后，水蒸发效率可以达到 66.8%。由此证明 4OCSPC 是该一体化装置不可或缺的核心组件。

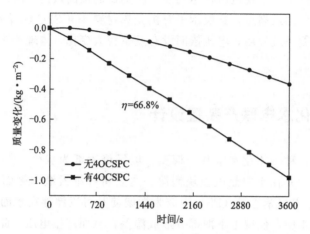

图 2-26 在太阳光强度为 $1kW \cdot m^{-2}$ 时有无 4OCSPC 的
蒸发质量损失

2.18 一体化装置热电转换性质研究

分别在 1、2、5 个标准太阳光强度下，使用太阳光模拟光源照射一体化装置中涂覆 4OCSPC 的纤维素纸表面，采用热红外相机记录实验中的温差变化，采用 Keithley 6514 设备输出实验过程中的电压。

在一体化水蒸发与协同发电过程中，在 1 个标准太阳光强度下水蒸发效率可以达到 66.8%，此时热电发电机输出的电压可以达到 55mV，由此得出，本实验中确实实现了水蒸发与温差发电并行。如图 2-27(a) 所示，随着太阳光辐照强度的增大，热电发电机所输出的电压信号也不断增大。在 2 个标准太阳光强度下，所得到的电压为 135mV；在 5 个标准太阳光强度下，所得到的电压可高达 204mV。

当然，此过程中的温差也在不断增大。如图 2-27(b) 所示，在 1、2、5 个标准

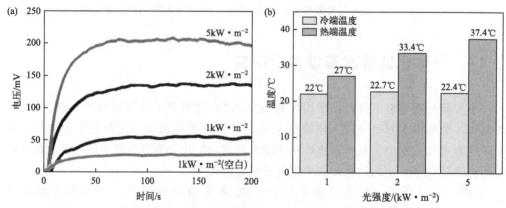

图 2-27 在不同强度的太阳光照射下，热电装置对应的开路电压 (a) 和
两侧的温差 (b)

太阳光强度下，其最大温差随着太阳光强度的增大而增大。在此一体化实验中，可以发现，随着太阳光强度的增强，相应的温差和电压都有不同程度的增加；而在 1 个标准太阳光强度下，在保证水蒸发效率的情况下，仍可以输出较强的电压信号。因此，成功设计出了水蒸发与热电转换并行的一体化装置。

2.19 小结

本部分开展的工作主要包括下述三个方面：

① 开发了一种酞菁基有机光热小分子 4OCSPC。传统的酞菁吸收光谱窄以及溶解性差等问题限制了它的实际应用，因此本文在酞菁 α 位和 β 位分别修饰烷氧基团和噻吩基团，改善其在溶剂中的溶解性，拓宽了其吸收光谱。由紫外吸收光谱和荧光发射光谱得知，4OCSPC 具有 300～1000nm 的光谱吸收、较低的荧光量子产率，表明它是一种性能优异的光热材料；而且在激光下和太阳光下具有优异的光热特性，在激光下的光热转换效率最高为 69.2%，在太阳光下的光热转换效率最高为 17.2%。4OCSPC 的宽光谱、强光热转换能力和高稳定性，都验证了 4OCSPC 是一种优异的光热转换材料，为光热小分子应用在转换太阳能领域奠定了基础。

② 构筑了一种以 4OCSPC 为主体光热材料、聚氨酯泡沫为载体的太阳能蒸发体材料（PU+4OCSPC）。PU+4OCSPC 的紫外吸收光谱表明，在 300～1000nm 范围内，该太阳能蒸发体能有效吸收太阳能产热。通过 PU+4OCSPC 光热性质研究，得知此太阳能蒸发体材料具有优异的光热转换性能。将其放置在气-液界面进行水蒸发实验，可达到 $1.262kg \cdot m^{-2} \cdot h^{-1}$ 的水蒸发速率和 86.6% 的水蒸发效率。将该材料运用到海水淡化实验中，收集到的水中金属离子浓度明显降低，证明该太阳能蒸发体具备显著的脱盐效果，为进一步探索有机小分子用于解决水资源短缺问题提供了新的思路。

③ 设计了一种水蒸发与热电转换并行的一体化装置，在保证水蒸发效率的同时，也可以产生较高的电压，得以实现水蒸发与温差发电并行。随着太阳光强度的增大，温差发电过程中产生的电压也不断增大。本文测试了 1、2、5 个标准太阳光强度下的电压循环性能，发现热电器件具备良好的循环稳定性，可以多次使用。值得注意的是，在强太阳光下，所产生的电压可以驱动小风扇迅速转动，最大转速可达 104 $r \cdot min^{-1}$。在温差发电与水蒸发并行的实验中，采用纤维素纸作为输水渠道，水蒸发过程中的其余热量用作温差发电。结果表明，在 1 个标准太阳光强度下，以 4OCSPC 为主体光热材料的一体化装置可同时得到 66.8% 的水蒸发效率和 55mV 的电压。以上实验都体现了这种一体化装置的优越性，同时所产生的高效率也验证了其可行性。在气-液蒸发界面系统水蒸发与温差发电协同进行，为解决偏远地区的能源问题，提供了一个新的方法。在本文的实验研究中，所得到的温差相对较小，发电性能有待提高，因此在今后的研究中需开发性能更好的光热材料以增大温差，温差发电一定会走出实验室，走进人们的生活。

近些年来，研究者们对太阳能蒸发体材料的研究不断深入，试图寻找最为绿色友好的解决环境问题的途径，但是在实际应用中仍然出现许多问题。虽然目前关于太阳能界面蒸发的研究仍然处于实验室阶段，但是仍能预见太阳能界面蒸发技术与一体化协同发电的广阔前景。如何使能量最大化利用、选择最优的光热材料与装置、降低热能损失，这些问题还需要后续不断地探索与研究。

3

融合电子供体-受体结构有机光热
材料构建及性质研究

3.1 引言

随着科技的发展，涌现出了各种各样的海水淡化方法，目前主流方法有反渗透法、多级闪蒸法、膜蒸馏法等等，这些典型的海水淡化方法往往伴随着大量化石能源的消耗与巨大的建设成本。化石能源本就日益匮乏，且化石能源的过多使用会对环境造成污染。因此，发展一种环境友好、可持续的海水淡化方法成为未来研究的重要方向。太阳能取之不尽，用之不竭，是最清洁的能源，不对环境产生任何危害。利用太阳能光热转换进行海水淡化不消耗化石能源，且安全环保、成本低廉，已然成为解决能源危机、淡水资源危机的一种可持续方案。将太阳能驱动的界面水蒸发的概念引入到太阳能水蒸发中，使光吸收材料所吸收转换的热量作用于气-液界面，从而大大减少了热量向水体的扩散损耗，将热量更加专一地用于加快水蒸气的产生速率。影响太阳能驱动界面水蒸发效率的主要因素有三个：①强的光热转换效率；②良好的水输运能力；③尽可能低的热损耗（热辐射、热对流、热传递）。光吸收与光热转换作为太阳能界面水蒸发的热动力核心部件，为界面水蒸发过程源源不断地提供热源。可以通过自身存在的水通路和复合外部材料所带来的水通路输运水，利用毛细管作用将水从体相中持续不断地输送到气-液界面。在热管理方面很多课题组做了大量的工作，比如运用复合结构将热传导降到较低的水平，降低材料表面热辐射、热对流等等。许多课题组在太阳能气-液界面水蒸发方面做了许多研究，其中包括物质组成的改变、结构的变化或复合、太阳能吸收表面的粗糙度的改变及亲水改性以及合理的系统设计，以达到宽波段的太阳能吸收、高的光热转换效率及好的润湿性能的目的。

光热材料是一类能将光能转化为热能的材料,加工和制备过程简便,在疾病诊断与治疗、水资源净化、发电等领域具有重要的应用潜力。随着研究的深入,光热材料的种类越来越丰富。可以说光热材料是一类极具应用前景的功能材料,有望缓解能源短缺和疾病治疗问题,造福于人类。清洁能源太阳能的开发利用是实现"双碳"目标发展战略的重要途径。太阳能光热转化是利用太阳能最简单、最直接、最有效的路线之一,然而如何设计光热材料将太阳能高效转化成热能成为研究热点。有机光热材料由于具有较高的摩尔吸光系数、结构可设计、制备提纯加工简便和易进行物理改性等优点受到科研工作者的重点关注。但有机光热材料应用存在以下两个问题:①现阶段有机光热材料固体吸收波长集中在短波区($\lambda < 1000nm$),然而太阳辐射波段在$1000 \sim 2500nm$的近红外光区能量占比仍比较高,材料缺乏对太阳能长波区($\lambda > 1000nm$)的吸收利用;②传统有机光热材料的设计十分依赖于固态下的分子堆积,只有 H 聚集才能有效诱导非辐射跃迁产热,但是这种相互作用很难实现,所以现阶段缺乏提升材料光热转换效率的有效调控方法。开发长波区吸收高光热转换效率的有机材料成为重点研究课题。

具有多环 π 共轭骨架的有机化合物通常有利于能级带隙值的降低,具有分子间强π-π 相互作用,是光热转换应用非常有前途的候选者,它们在热性能、光学性能方面表现出卓越的特性,因此在光热材料中具有重要意义。然而,多环 π 共轭化合物作为光热材料的应用仍然十分有限。关键问题包括它们的光稳定性相对较差和较窄的光吸收范围。因此,开发吸收光谱宽、光稳定性好、光热转换效率高的多环 π 共轭化合物仍然具有挑战性。

不同供体基团和不同受体基团之间的丰富组合可以提供大量的供体-受体(D-A)型分子作为光热材料尤其引人注目。香港科技大学郑正教授、Jacky Wing Yip Lam 教授和唐本忠教授课题组以高度扭曲的四苯基乙烯和二苯胺为供体,吡啶、喹啉和吖啶为受体构建 D-A 型材料,吸收光谱边带达到 800nm,在 660nm 激光照射下光热转换效率达到 44.8%。南京大学武伟教授课题组以戊烯键连二噻吩为供体,苯并双噻二唑为受体构建 D-A-D 型共轭小分子,吸收光谱边带达到 900nm,在 808nm 激光照射下光热转换效率为 39.42%。南京邮电大学孙鹏飞教授、范曲立教授和西北工业大学胡文博教授课题组以多连噻吩衍生物为供体,苯并双噻二唑为受体构建 D-A-D 型共轭小分子,吸收光谱边带达到 1100nm,在 1064nm 激光照射下光热转换效率为36.2%。所设计大部分 D-A 型有机材料,增加受体基团吸电子能力及供体和受体基团共平面构型,光吸收范围鲜有拓展到 1000nm 以上,但为光吸收在太阳光谱高效覆盖的光热材料结构设计提供了理论支持。另外,材料光热转换效率的提升普遍缺乏有效调控方法。

本研究将强给电子芳胺单元和强吸电子喹喔啉[2,3-a]吩嗪单元融合,设计了一种平面化 D-A 型有机光热材料(DDHT)。该分子可产生强烈的分子内电荷转移(ICT),能够导致近红外区(NIR)吸收,具有较宽的吸收光谱。融合环 D-A 大平面π 共轭结构可以产生强烈的分子间 π-π 相互作用,提高了非辐射跃迁概率,在 655nm激光照射下光热转换效率为 58.58%,$1.0kW \cdot m^{-2}$ 太阳光强度下为 13.7%。

3.1.1 研究意义

为了更有效地利用太阳能，应充分了解蒸发器的结构和性能。太阳能蒸发器通过光热材料的光热转换将吸收的太阳光转换成热能。光热材料的性能决定了太阳能蒸发器的综合性能。因此，设计高效吸收太阳能、宽吸收光谱和高光热转换效率的光热材料已成为相关研究的热点。目前性能稳定的光热材料主要分为金属基无机材料、半导体材料、碳基材料、共轭聚合物材料和有机小分子材料等。其中，有机小分子光热材料具有结构可调度高、加工可行性强、柔性好等优点。开发具有宽光谱吸收和良好的光热转换效率有机小分子光热材料为太阳能驱动的水蒸发提供了可能。窄带能隙且具有高非辐射跃迁概率的有机小分子光热材料 π 共轭化合物的自组装模式与其固态光物理特性密切相关。具有面对面堆积模式的分子表现出高度重叠的前沿轨道，通过分子间强相互作用强烈猝灭荧光，从而增强非辐射跃迁。基于这些要求，具有多环 π 共轭骨架的有机化合物通常有利于能级带隙值的降低，具有分子间强烈的 π-π 相互作用，是光热转换应用非常有前途的候选者。然而，多环 π 共轭化合物作为光热材料的应用仍然十分有限。关键问题在于增强它们的光稳定性和拓宽其光谱吸收范围。本文以开发吸收光谱宽、光热稳定性好、光热转换效率高的多环 π 共轭化合物为起点，设计制备优越太阳能蒸发材料，用于太阳光热转换水蒸发。同时，将此光热材料应用于温差发电的设备中，综合高效利用太阳能，产生淡水的同时输出稳定电能。为沿海城市乃至经济欠发达地区献出绿色环保且高效的方案。

3.1.2 研究内容

本部分的研究内容主要分为以下三个方面：

（1）有机光热材料 DDHT 的构建及理化性质研究

针对目前多环 π 共轭化合物的光稳定性相对较差和较窄的光吸收范围的问题，本文通过将给电子芳胺单元和吸电子喹喔啉[2,3-a]吩嗪单元融合，产生强烈的分子内电荷转移（ICT）和低带隙，从而产生近红外区（NIR）吸收，设计了一种具有多环 π 共轭核心骨架、平面化的 D-A 排列和强烈的 π-π 分子间相互作用的新型有机小分子 DDHT。通过密度泛函理论计算、分子动力学模拟和重组能理论计算进一步了解 DDHT 分子的几何结构、电子性质、分子堆叠方式以及弛豫方式；使用单晶 X 射线衍射分析其空间位阻与平面分子间距；通过紫外吸收光谱、荧光发射光谱对其光物理性质进行分析；通过热重分析测试其热稳定性；利用循环伏安法测试其电化学性能；最终在激光和模拟太阳光照射下测试其光热性能，并计算光热转换效率。

（2）基于 DDHT 的太阳能蒸发体制备与性能研究

将光热材料 DDHT 负载在天然椴木直纹木皮中，构筑了一个具有良好光热性能、快速输水太阳能蒸发体材料。使用扫描电镜观察其微观结构，分析其输水特性；通过紫外吸收光谱对其光吸收能力进行测试；通过热导率测定分析其保温性能；使用接触角测试分析其疏水性能；在模拟太阳光照射下测试其光热性能；在太阳光下测试其水蒸发性能以及长期蒸发稳定性；使用真实海水样本，收集模拟太阳能驱动下淡化的水，测试其中离子浓度，研究蒸发体的海水淡化能力。

（3）DDHT/wood 太阳能蒸发体水电联产一体化性质研究

将材料 DDHT 结合热电模块，制造了一个太阳能光热转换温差发电器件，在模拟太阳光照射下研究其光热转换性能与热电转换性能以及其稳定性。在此基础上将 DDHT/wood 蒸发体材料与热电模块结合，构筑了一个水蒸发与温差发电并行的一体化装置，在模拟太阳光照射下测试其光热转换性能、水蒸发性能、热电转换性能以及水电联产性能。

3.2 结构表征

（1）核磁共振氢谱

DDHT 的[1]H NMR 谱如图 3-1 所示。^{1}H NMR（500MHz，氘代氯仿）：δ8.59（d，$J=8.3$Hz，2H），8.30（d，$J=8.4$Hz，2H），7.91（t，$J=7.6$Hz，2H），7.87（t，$J=6.8$Hz，2H），7.02~6.91（m，4H），4.41（t，$J=7.8$Hz，4H），1.79（p，$J=7.6$Hz，4H），1.36（h，$J=7.4$Hz，4H），0.84（t，$J=7.4$Hz，6H）。

元素分析理论值（$C_{32}H_{30}N_6$）：C 77.08，H 6.06，N 16.85。实际测量值：C，76.72；H，6.59；N，16.69。

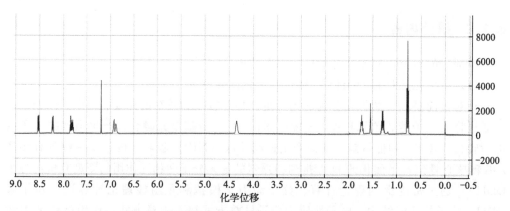

图 3-1　化合物 DDHT 的[1]H NMR 谱图（CDCl$_3$）

（2）晶体结构分析

使用单晶 X 射线衍射仪对中间产物 4a,5,18,18a-四氢二喹喔啉[2,3-a:2',3'-c]吩嗪进行衍射分析。如图 3-2 所示，其分子具有平面结构，且共轭平面部分具有很小的空间位阻，从而导致分子间 π-π 高效堆积。相邻芳香族环间的二面角为 0°，相邻分子边缘苯环碳与中心苯环平面的距离为 3.368Å。结果表明，DDHT 具有强的面对面分子间 π-π 相互作用，通过聚集荧光猝灭（ACQ）效应导致荧光猝灭，从而增强分子的非辐射衰变以产生热量。

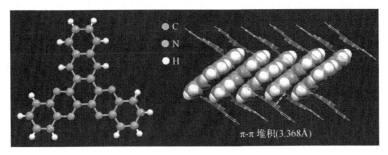

图 3-2　中间体 4*a*,5,18,18*a*-四氢二喹喔啉[2,3-*a*;2′,3′-*c*]吩嗪（CCDC 编号：2176925）的单晶 X 射线衍射分析结果

3.3　理论计算

（1）密度泛函理论（DFT）计算

为了进一步了解 DDHT 的几何结构和电子性质，从初始几何开始，使用高斯 09程序包在 B3LYP/6-31g（d）水平上进行密度泛函理论计算。优化后的 DDHT 分子结构及 HOMO 和 LUMO 电子云密度分布如图 3-3 所示。DDHT 的 LUMO 主要分布在吸电子基团喹喔啉[2,3-*a*]吩嗪上，HOMO 主要分布在给电子基团喹喔啉核心上，D-A 融合结构，显示出较强的 ICT 效应。根据理论计算，DDHT 的 HOMO 和LUMO 能级能量分别为 −4.59eV 和 −2.35eV，计算出的带隙值为 2.24eV，较小的带隙值代表着 DDHT 拥有较宽光谱吸收范围，对光的利用效率较高。

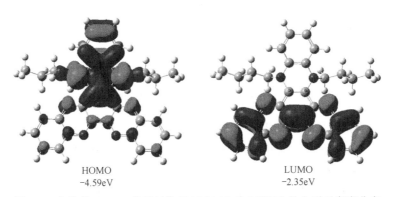

图 3-3　优化的 DDHT 分子结构及 HOMO 和 LUMO 的电子云密度分布

（2）分子动力学模拟理论计算

为了进一步了解 DDHT 分子的几何结构和分子堆叠方式，利用 Materials Studio 2017 对 DDHT 分子进行了分子动力学模拟。首先对 29.18Å×29.18Å×29.18Å 框内的 30 个分子进行优化松弛。然后通过 NVT 在 500ps 内进行模拟退火，使系统从273K 平缓升到 500K。经过这个过程，其中一个框架具有最低的能量，是最稳定的结构。然后在 298K 下，用 NVT 对结构进行 1000ps 的动力学松弛。所有的模拟都是在

通用场内使用 Forcite 进行的。如图 3-4 所示，90％以上的 DDHT 分子采用面对面堆叠排列，有三种聚集类型，分子堆积中的堆叠面积百分比分别为 50％、70％ 和 60％～80％。相邻分子之间存在明显的滑移，距离分别为 3.546Å、3.571Å、3.846Å 和 3.963Å（<4.0Å），证实了 π-π 的强烈叠加特征。这些结果预示着 DDHT 在聚集态下具有较宽的光吸收范围和较高的光热转换效率。

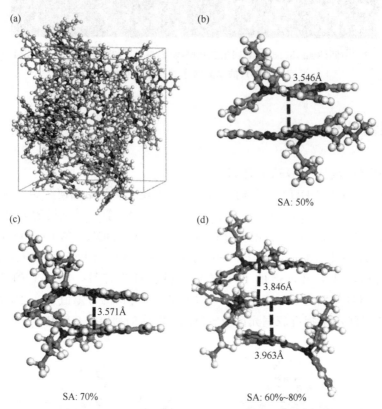

图 3-4　（a）分子动力学模拟得到的聚体 DDHT 分子快照；（b）、（c）和
（d）分子动力学模拟优化的 DDHT 分子重叠侧视图

（3）单分子重组能理论计算

S_0 和 S_1 之间的几何畸变和振动耦合与非辐射衰变过程密切相关。因此，本文使用 DUSHIN 程序计算了重组能（λ）。如图 3-5 所示，DDHT 显示总 λ 为 $290\mathrm{cm}^{-1}$，高 λ 值意味着强烈的结构弛豫。其中化学键振动、化学键角和二面角对 λ 的贡献分别为 19.3％、32.4％ 和 48.3％。因此，DDHT 显示出非常相似的 S_0 和 S_1 优化结构构象。

λ 定义为：

$$\lambda = \sum_k \hbar\omega_k HR_k \tag{3-1}$$

$$HR_k = \frac{\omega_k D_k^2}{2} \tag{3-2}$$

式中，ω_k 为振动频率；HR_k 为 Huang-Rhys 因子；D_k 为模态 k 的法向坐标位移；$\hbar$ 为合理化普朗克常数。频率的贡献越大，相应的结构变化越大，引起的振动越强。

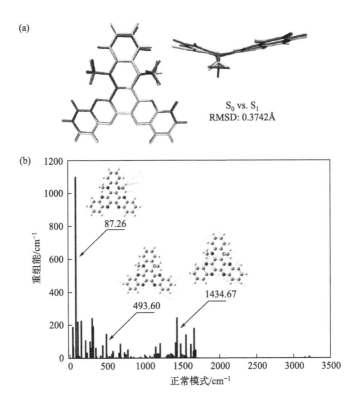

图 3-5　优化后的 DDHT 的 S_0 和 S_1 几何形状的俯视图和侧视图重叠图（a）与不同波数下 DDHT 的重组能（b）

3.4　DDHT 理化性质研究

（1）电化学性能研究

使用循环伏安法（CV）对固态 DDHT 的电化学性能进行了表征。如图 3-6 所示，测试结果表明 DDHT 的 E_{HOMO}、E_{LUMO} 和 ΔE 分别为 -4.59eV、-2.35eV 和 2.24eV。与 DFT 理论计算结果一致，再次证明 DDHT 具有较小的带隙值，拥有较宽的光吸收范围。

（2）热稳定性研究

通过热重分析（TGA）探究 DDHT 的热稳定性。测定结果如图 3-7，TGA 表明 DDHT 的分解温度（T_d，对应 5% 的失重）为 $328\,^{\circ}\!\text{C}$，高共轭体系和 π-π 堆积结构决定了 DDHT 良好的热稳定性。

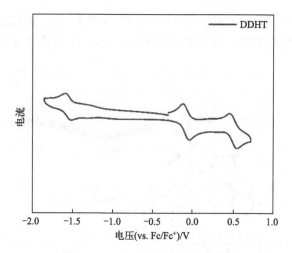

图 3-6　DDHT 的循环伏安曲线

计算公式 $E_{\text{LUMO}}=-(4.80+E_{\text{onset,red}})$，$E_{\text{HOMO}}=-(4.80+E_{\text{onset,oxi}})$，参考物质：二茂铁

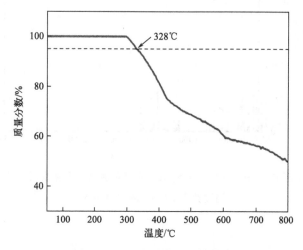

图 3-7　DDHT 的热重分析曲线

（3）光物理特性研究

通过测试化合物 DDHT 四氢呋喃（THF）溶液（$10^{-5}\text{mol}\cdot\text{L}^{-1}$）及固体的紫外-可见吸收光谱来表征其光物理性质，如图 3-8 所示。DDHT 稀溶液在 450nm 以下的吸收是由于 π-π* 和 n-π* 跃迁，而 ICT 跃迁是 450～800nm 之间宽的低能吸收峰的原因。对比 DDHT 溶液的吸收光谱，聚集状态下的 DDHT 分子在 300～950nm 范围内有更宽的吸收。

（4）发光特性研究

使用稳态瞬态荧光光谱仪测试 DDHT 固体的荧光发射光谱，如图 3-9。分子间强相互作用导致荧光猝灭，聚集态的 DDHT 荧光信号十分微弱。荧光量子产率接近 0%。由此可以发现 DDHT 具有很强的光吸收能力、强荧光猝灭能力，具有应用于光热转换的潜力。

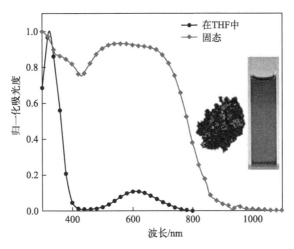

图 3-8　固态 DDHT 和 DDHT 在 THF 溶液（$10^{-5}\,\mathrm{mol \cdot L^{-1}}$）中的紫外-可见吸收光谱
插图为固态 DDHT 和 DDHT 在 THF 溶液中的照片

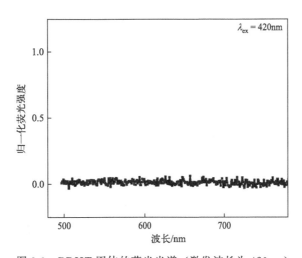

图 3-9　DDHT 固体的荧光光谱（激发波长为 420nm）

3.5　DDHT 光热性能分析

（1）激光照射下 DDHT 光热性能研究

使用 655nm 激光照射 DDHT 粉末，并且采用红外摄像机观测温度变化，以确定其光热特性。如图 3-10(a) 所示，当激光功率密度为 $0.7\mathrm{W \cdot cm^{-2}}$ 时，DDHT 粉末（5mg）的温度在 20 秒内迅速上升到 120℃以上。在第 60 秒时，温度达到 129℃，此时关闭激光器，温度迅速下降至室温。随后使用梯度光强的 655nm 激光（0.5、0.6、0.7 和 $0.8\mathrm{W \cdot cm^{-2}}$）照射 DDHT 粉末，并记录其升温情况。如图 3-10（b）所示，当功率密度为 $0.5\mathrm{W \cdot cm^{-2}}$ 时，材料产生的热量较少，热量完全散到空气中。此时

材料温度几乎不随时间变化。当激光功率超过 $0.6W \cdot cm^{-2}$ 时，最大稳定温度随激光功率密度的增大而增大。当功率密度为 $0.8W \cdot cm^{-2}$ 时，最高温度可达 $227℃$。在 655nm 激光器照射下，DDHT 展示出优越的光热性能。

为验证其光热稳定性，使用功率密度为 $0.7W \cdot cm^{-2}$ 的 655nm 激光对 DDHT 粉末（5mg）进行了 5 次加热和冷却循环，每个循环内照射 DDHT 粉末 60 秒后立刻关闭激光器，使其温度在 60 秒内自然冷却至室温，记录材料 5 次循环的温度变化。如图 3-10(c) 所示，每次循环 DDHT 的最高稳定温度均能保持在 $129℃$ 左右，表现出稳定的光热性能。

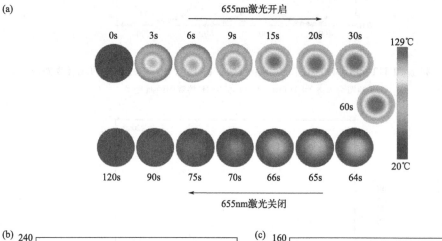

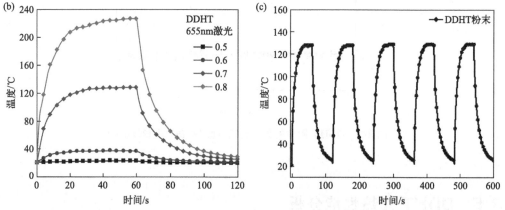

图 3-10　(a) 在 655nm 激光照射下（$0.7W \cdot cm^{-2}$），DDHT 粉末的热红外图像，在 60 秒后关闭；(b) 655nm 激光照射下 DDHT 粉末在不同功率密度（0.5、0.6、0.7、0.8W \cdot cm^{-2}）下的温度变化；(c) 655nm 激光照射下（$0.7W \cdot cm^{-2}$），DDHT 粉末 5 次开关过程的温度变化

（2）激光照射下 DDHT 的光热转换效率

在 655nm 激光照射下 DDHT 具有良好的光热转换能力以及光热稳定性，测试并计算了 DDHT 的光热转换效率。取 1mg DDHT 粉末溶于 0.1mL THF 中，将此溶液滴在石英玻璃表面，等待 THF 挥发后石英玻璃形成一个均匀的薄膜。如图 3-11(a)

所示，使用功率密度为 $0.8\text{W}\cdot\text{cm}^{-2}$ 的 655nm 激光对石英玻璃表面薄膜进行照射，待温度达到稳定状态后，关闭激光并采用红外摄像机记录温度变化绘制温度冷却曲线。

相关参考文献中计算了此过程中的光热转换效率。根据本系统的总能量平衡列出公式：

$$\sum_i m_i C_{pi} \frac{\mathrm{d}T}{\mathrm{d}t} = Q_s - Q_{\text{loss}} \tag{3-3}$$

式中，m_i（0.2590g）和 C_{pi}（$0.8\text{J}\cdot\text{g}^{-1}\cdot{}^\circ\!\text{C}^{-1}$）分别为系统部件（DDHT 样品和石英玻璃）的质量和热容；Q_s 是 655nm 激光照射到 DDHT 样品时输入的热能；Q_{loss} 是损失到周围环境的热能。当温度达到最高值时，系统处于平衡状态，此时：

$$Q_s = Q_{\text{loss}} = hS\Delta T_{\text{max}} \tag{3-4}$$

式中，h 为传热系数；S 为容器的表面积；ΔT_{max} 是最大温度变化量。光热转换效率 η 由下式计算得到：

$$\eta = \frac{hS\Delta T_{\text{max}}}{I(1-10^{-A_{655}})} \tag{3-5}$$

式中，I 为激光功率密度（$0.8\text{W}\cdot\text{cm}^{-2}$）；$A_{655}$ 为样品在 655nm 波长处的吸光度。

为了取得 hS，如图 3-11(b) 所示，本文引入了无量纲驱动力温度 θ：

$$\theta = \frac{T - T_{\text{surr}}}{T_{\text{max}} - T_{\text{surr}}} \tag{3-6}$$

式中，T 为 DDHT 的温度；T_{max} 为系统最高温度（150℃）；T_{surr} 为初始温度（20.0℃）。

样本系统时间常数 τ_s：

$$\tau_s = \frac{\sum_i m_i C_{p,i}}{hS} \tag{3-7}$$

因此：

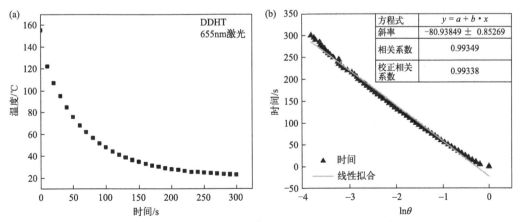

图 3-11　655nm 激光（$0.8\text{W}\cdot\text{cm}^{-2}$）照射 DDHT 膜的冷却曲线（a）和其相应的时间与 $\ln\theta$ 线性曲线（b）

$$\frac{\mathrm{d}\theta}{\mathrm{d}t}=\frac{1}{\tau_s}\frac{Q_s}{hS\Delta T_{max}}-\frac{\theta}{\tau_s} \qquad (3\text{-}8)$$

当关闭激光器时，$Q_s=0$，此时，$\frac{\mathrm{d}\theta}{\mathrm{d}t}=-\frac{\theta}{\tau_s}$，计算得 $t=-\tau_s\ln\theta$。可以根据冷却时间与 $\ln\theta$ 的斜率来计算 hS，计算得出 τ_s 为 80.94，光热转换效率 η 为 58.58%。

（3）太阳光照射下 DDHT 光热性能研究

使用梯度的模拟太阳光强度（0.5、1.0 和 1.5kW·m^{-2}）照射 DDHT 粉末（5mg），使用红外摄像机记录温度变化以探究其光热转换能力以及光热稳定性。如图 3-12(a) 所示，在 1.0kW·m^{-2} 模拟太阳照射下，在 10 分钟内 DDHT 粉末的温度急剧升高，最终稳定在约 55.0℃。关闭光源后，温度逐渐降低恢复至室温。随着模拟太阳光强度的增加，最高稳定温度也随之增加，在 0.5kW·m^{-2} 模拟太阳光照射下最高稳定温度为 38.4℃，在 1.5kW·m^{-2} 的模拟太阳光照射下为 68.7℃。因此在太阳光照射下，DDHT 具有优异的光热性能。

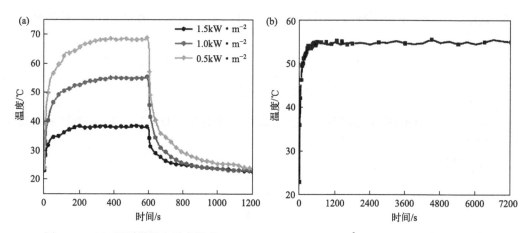

图 3-12　(a) 不同模拟太阳光强度（0.5、1.0、1.5kW·m^{-2}）下，DDHT 粉末的温度
变化曲线；(b) DDHT 粉末（5mg）在 1.0kW·m^{-2} 照射下 2 小时内的温度变化

还测试了材料的耐光漂白性能，使用 1.0kW·m^{-2} 的模拟太阳光连续照射 2 小时。如图 3-12 (b) 所示，温度能长期稳定在 55℃，没有发生明显的光漂白现象，展现了其良好的光热稳定性。

（4）太阳光照射下 DDHT 的光热转换效率

上述研究中得知，DDHT 的光热转换能力优异，热稳定性能良好，随后探究其太阳光照射下的光热转换效率。将 1mg DDHT 粉末均匀平铺在盛有 1mL 水的有绝缘层的烧杯底部，并用模拟太阳光照射溶液。照片如图 3-13(a) 所示。使用模拟太阳光照射 20 分钟后，用热成像摄像机记录水表面温度，光热转换效率（η）计算公式如下：

$$\eta=\frac{Q}{E}=\frac{Q_1-Q_2}{E} \qquad (3\text{-}9)$$

式中，Q 为所产生的热能（即 Q_1-Q_2）；Q_1 为 DDHT 产生的热能；Q_2 为纯水产生的热能。E 是入射光的总能量。Q 由溶液辐照期间的热容（C）、密度（ρ）、体积（V）和温差（ΔT）决定；E 由入射光的功率（P）、照射面积（S）和照射时间（t）决定。按照公式进行计算：

$$Q_1 = Cm\Delta T_1 = C\rho V\Delta T_1 \tag{3-10}$$

$$Q_2 = Cm\Delta T_2 = C\rho V\Delta T_2 \tag{3-11}$$

$$E = PSt \tag{3-12}$$

由于样品在溶液中含量很低，计算过程中使用水的 C 值为 $4.18\text{J}\cdot\text{g}^{-1}\cdot\text{℃}^{-1}$，$\rho$ 值为 $1\text{g}\cdot\text{cm}^{-3}$。如图 3-13(b) 所示，DDHT 在辐照过程中水表面温度为 38.1℃，初始温度为 21.5℃，因此 ΔT 为 16.6℃。根据上面的公式，得到：

$$Q_1 = C\rho V\Delta T_1 = 4.18\times1\times1\times16.6 = 69.39\text{(J)}$$

$$Q_2 = C\rho V\Delta T_2 = 4.18\times1\times1\times9.5 = 39.71\text{(J)}$$

$$E = PSt = 0.1\times1.8137\times1200 = 217.644\text{(J)}$$

$$\eta = \frac{Q_1-Q_2}{E} = \frac{69.39-39.71}{217.644} = 13.64\%$$

因此，温差为 16.6℃ 时，DDHT 光热转换效率为 13.64%。

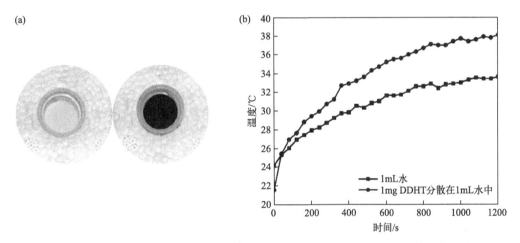

图 3-13 （a）1mL 纯水和 1mg DDHT 分散在 1mL 水中的照片；（b）在模拟太阳光（$1.0\text{kW}\cdot\text{m}^{-2}$）照射下，1mL 纯水和 1mg DDHT 分散在 1mL 水中的温度变化

3.6 基于 DDHT 的太阳能蒸发体制备与性能研究

DDHT 在聚集态具有 $300\sim950\text{nm}$ 的较宽吸收光谱，是一种光热性能优异、光热稳定性好的共轭有机小分子材料。天然木材是一种绿色环保、热导率低、输水性能强的骨架载体材料。通过将 DDHT 负载在天然椴木木皮作为光热层，利用天然椴木木皮强吸水的特性，得到了一种绿色可持续的高效太阳能蒸发体材料（DDHT/

wood）。在太阳光驱动的水蒸发过程中，利用漂浮在气-液界面的太阳能蒸发体来捕获太阳能，集中热量蒸发水，避免传统加热技术中的热损失。在 $1.0\mathrm{kW \cdot m^{-2}}$ 的模拟太阳光照射下，测试其水蒸发速率、效率以及长期蒸发的能力。最终展现出优越的光热转换性能和快速稳定的水蒸发性能。同时以真实黄海海水为样本，测试 DDHT/wood 蒸发体的海水淡化能力。

3.6.1 DDHT/wood 蒸发体的制备

木材是世界上分布最广泛的天然可再生资源之一，沿着木材生长方向遍布着无数的细微管状结构，这些结构决定了木材较强的传输水能力，而且木材具有良好的保温性能。同时作为天然可再生材料，使用木材作为载体材料，可以有效降低对自然的伤害，减少化石能源的使用。因此本文在蒸发体的构建部分选择天然椴木直纹木皮为载体材料。保留椴木木皮生长方向的管状结构。将 5.0mg DDHT 充分溶解于 1mL THF 中，使用该溶液涂敷在椴木木皮表面，待椴木木皮被充分浸渍后，充分干燥，即制得 DDHT/wood 太阳能光热蒸发体，如图 3-14 所示。

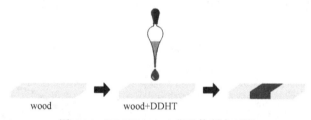

图 3-14　DDHT/wood 蒸发体制备过程

3.6.2 DDHT/wood 蒸发体理化性质研究

（1）DDHT/wood 蒸发体微观形貌分析

使用扫描电镜对制得的 DDHT/wood 蒸发体进行微观形貌表征。如图 3-15 所示，通过观察其水平和垂直切割结构可以发现在椴木木皮生长方向上存在丰富的孔隙结构，有利于水分的输送，DDHT 可以很好地附着在通道外表面，并且保留了木材原有的孔隙结构。这样的结构保证了 DDHT/wood 蒸发体优异的光热转换能力、输水高度和界面蒸发速率。

（2）DDHT/wood 蒸发体光物理性质研究

准备空白椴木木皮和浸渍 DDHT 的椴木木皮。使用带有积分球的固体紫外光谱仪，分别对两样品进行紫外光吸收光谱测试，并与太阳光光谱拟合绘制曲线。如图 3-16 所示，DDHT/wood 蒸发体材料在 300～950nm 区域具有较宽的吸收光谱，显著高于空白椴木木皮。由此可见，DDHT/wood 具有较强的太阳光吸收能力，是一种优越的太阳能蒸发体材料。

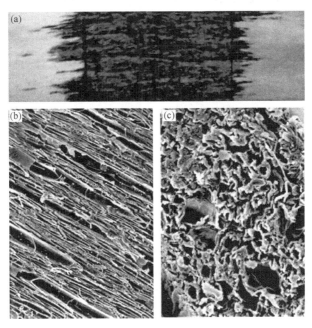

图 3-15 DDHT/wood 蒸发体的照片（a）和扫描电镜图像：（b）为水平横截面结构，（c）为垂直横截面结构

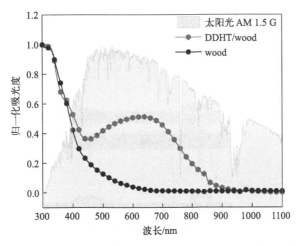

图 3-16 空白椴木木皮（由重晶石校准）和 DDHT/wood 的归一化吸收光谱与太阳光谱辐照度（灰色）的比较

（3）DDHT/wood 蒸发体热导率分析

使用热导率仪（C-THERM TCi）分别测试空白椴木木皮和 DDHT/wood 的热导率。如图 3-17 所示，测得空白椴木木皮热导率为 $0.0753\text{W} \cdot \text{m}^{-1} \cdot \text{K}^{-1}$，DDHT/wood 为 $0.0550\text{W} \cdot \text{m}^{-1} \cdot \text{K}^{-1}$。结果表明，经过 DDHT 浸渍后，椴木木皮的保温能力得到进一步增强，在太阳能界面蒸发的过程中，能够将太阳能转换的热能更多地保

留在蒸发系统，更加有效地蒸发水。同时低热导率也可以避免热损失，最大化蒸发体的蒸发效率。

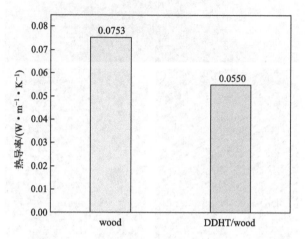

图 3-17   DDHT 浸渍椴木木皮前后的热导率测试
三次测试数值平均值

（4）DDHT/wood 蒸发体水接触角测试分析

使用接触角测试仪分别对空白椴木木皮和 DDHT/wood 蒸发体进行水接触角测试。如图 3-18 所示，接触角测量表明，水滴在 DDHT/wood 表面的接触角为 84.6°，空白椴木木皮表面为 46.2°。经 DDHT 的浸渍之后，椴木木皮表面更加疏水，保证了蒸发体太阳光接收面快速排水的能力，避免因为水滴的聚集影响太阳光吸收，影响蒸发速率。

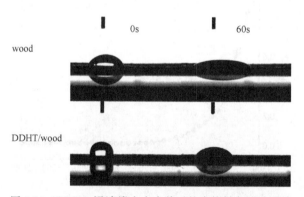

图 3-18   DDHT 浸渍椴木木皮前后的水接触角测试图片

3.6.3   DDHT/wood 蒸发体光热性能分析

为了评价 DDHT/wood 的光热转换性能，在 $1.0\text{kW} \cdot \text{m}^{-2}$ 模拟太阳光照射下，使用红外摄像机记录了 DDHT/wood 和空白椴木木皮的温度变化过程，绘制温度变化曲线。如图 3-19（a）所示，在 10 分钟内，DDHT/wood 的温度可以达到 53.0℃，而空白椴木木皮的温度只能达到 41.7℃。可见 DDHT/wood 保持了 DDHT 优越的光热转换能力并拥有良好的保温能力。

使用 1.0kW・m^{-2} 模拟太阳光持续照射 2 小时，用红外摄像机记录 DDHT/wood 蒸发体的实时升温数据，绘制升温曲线。如图 3-19(b) 所示，DDHT/wood 蒸发体在 2 小时内的温度一直很稳定地保持在 53.0℃ 左右，表明 DDHT/wood 在太阳光下同样具备优越的光热稳定性，展现出良好的抗光漂白性能。

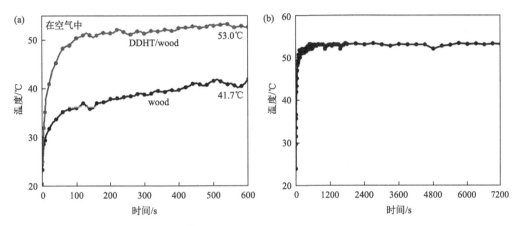

图 3-19　(a) 1.0kW・m^{-2} 模拟太阳光照射下，空白椴木木皮和 DDHT/wood 在
10 分钟内的温度变化曲线；(b) 1.0kW・m^{-2} 模拟太阳光照射下，
2 小时内 DDHT/wood 的温度变化曲线

3.6.4 DDHT/wood 蒸发体水蒸发性能研究

（1）DDHT/wood 蒸发体蒸发过程温度变化和蒸发速率研究

使用聚苯乙烯（PS）泡沫固定 DDHT/wood 蒸发体，并将其放在装满水的烧杯上。蒸发装置如图 3-20(a) 所示，在 1.0kW・m^{-2} 的模拟太阳光照射下，用分析天平记录水的质量变化情况，用热红外摄像机记录表面温度变化。如图 3-20(b) 所示，在实际水蒸发过程中，1 小时内，DDHT/wood 表面温度达到 38.6℃，显著高于空白椴木木皮表面（28.0℃）。

在 1.0kW・m^{-2} 的模拟太阳光照射下，记录水蒸发速率随时间变化曲线以评估太阳能驱动水蒸发的效率。如图 3-20(c) 所示，DDHT/wood 的蒸发速率远高于空白椴木木皮和纯水的蒸发速率。经计算表明，在环境温度为 17.5℃，环境相对湿度为 42% 的条件下，DDHT/wood 的蒸发速率为 1.13kg・m^{-2}・h^{-1}，纯水的蒸发速率为 0.40kg・m^{-2}・h^{-1}，空白椴木木皮的蒸发速率为 0.73kg・m^{-2}・h^{-1}。随后计算了 DDHT/wood 的水蒸发效率，高达 78.40%。以上实验表明，DDHT 的负载能够有效提高椴木木皮水蒸发速率，DDHT/wood 是太阳能光热蒸发装置的理想材料。

通过以下公式来计算太阳能光热辅助水蒸发过程中的太阳能转换效率 η：

$$\eta = \frac{\dot{m}h_{\mathrm{LV}}}{C_{\mathrm{opt}}P_0} \tag{3-13}$$

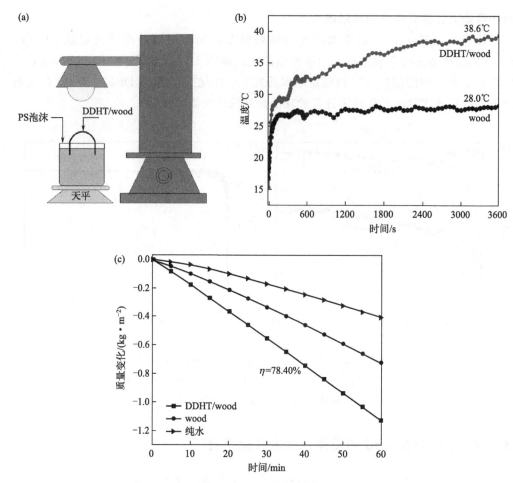

图 3-20 （a）太阳能蒸发体 DDHT/wood 蒸发装置示意图；（b）1.0kW·m^{-2} 模拟
太阳光下，空白椴木木皮和 DDHT/wood 在实际水蒸发过程的温度变化曲线；
（c）DDHT/wood、空白椴木木皮和纯水在 1.0kW·m^{-2} 模拟太阳光照射下
1 小时的水质量变化曲线

式中，$\dot{m}$ 为水的质量波动（蒸发速率）；h_{LV} 为液体的总相变焓 [即显热和蒸发焓（$h_{LV} = Q + \Delta h_{vap}$，$Q$ 为系统从初始温度加热到最终温度所提供的能量，Δh_{vap} 为水的蒸发潜热）]；P_0 为 1kW·m^{-2}；C_{opt} 为光学密度。

$$Q = C_{liquid} \times (T - T_0) \tag{3-14}$$

$$\Delta h_{vap} = Q_1 + \Delta h_{100} + Q_2 \tag{3-15}$$

$$Q_1 = C_{liquid} \times (100 - T) \tag{3-16}$$

$$Q_2 = C_{vapor} \times (T - 100) \tag{3-17}$$

式中，C_{liquid} 为液态水的比热容，为常数 4.18J·g^{-1}·℃$^{-1}$；C_{vapor} 为水蒸气的比热容，为常数 1.865J·g^{-1}·℃$^{-1}$；Δh_{100} 为水在 100℃ 的汽化潜热，取 2260 kJ·kg^{-1}。蒸发过程中，DDHT/wood 蒸发体表面温度为 38.6℃，故 T 为 38.6℃。根据上述公式计算得到

$$Q = C_{liquid} \times (T - T_0) = 4.18 \times (38.6 - 15.2) = 97.812 (\text{kJ} \cdot \text{kg}^{-1})$$

$$\Delta h_{vap} = Q_1 + \Delta h_{100} + Q_2 = 4.18 \times (100 - 38.6) + 2260 + 1.865 \times (38.6 - 100)$$

$$= 2402.009 (\text{kJ} \cdot \text{kg}^{-1})$$

$$h_{LV} = Q + \Delta h_{vap} = 97.812 + 2402.009 = 2499.821 (\text{kJ} \cdot \text{kg}^{-1})$$

$$\dot{m} = 1.129 \text{kg} \cdot \text{m}^{-2} \cdot \text{h}^{-1}$$

$$P_0 = 1 \text{kW} \cdot \text{m}^{-2}$$

$$C_{opt} = 1$$

计算结果表明，在 DDHT/wood 蒸发体表面温度为 38.6℃（2499.821kJ·kg⁻¹）的蒸发过程中，蒸发效率 $\eta = \dot{m} h_{LV} / C_{opt} P_0 = 78.40\%$。

在利用太阳能光热转换蒸发的过程中，热能的高效利用决定了系统的整体蒸发效率。热量传递有三种不同的形式：对流、辐射和传导。对流是热量在两个不同温度物体之间进行传递的过程，当一个物体的温度高于另一个物体时，而另一个物体会吸收其热量，从而使它们在温度上趋于平衡；辐射指的是热量从一个对象到另一个对象的直接传输，辐射几乎没有任何空气阻尼；传导是指热量在物质中通过改变温度来传播的过程。

在太阳能水蒸发系统中，热量损失也主要经过这三种方式：蒸发体对水的传导热损失、蒸发体对周围环境的辐射热损失和热量散失到环境中所造成的对流热损失。本文通过下述公式，计算 DDHT/wood 蒸发体蒸发过程中的能量损失。

DDHT/wood 与水的传导热损失计算如下：

$$P_{cond} = \frac{Cm\Delta T}{At} = \frac{4.18 \times 5 \times 5.6}{0.0004 \times 3600} = 81.3 (\text{W} \cdot \text{m}^{-2})$$

$$\eta_{cond} = \frac{P_{cond}}{P_{in}} = \frac{81.3}{1000} = 8.13\%$$

式中，C 为液态水比热容（4.18J·g⁻¹·℃⁻¹）；t 为辐照时间（3600s）；m 为水的质量（5g）；ΔT 为水1小时内升高的温度；A 为投影面积（0.0004m²）。

辐射热损失基于 Stefan-Boltzmann 定律，计算公式如下：

$$P_{rad} = \varepsilon\sigma(T_2^4 - T_1^4) = 0.645 \times 5.67 \times 10^{-8} \times (311.75^4 - 297.75^4) = 58.0 (\text{W} \cdot \text{m}^{-2})$$

$$\eta_{rad} = \frac{P_{rad}}{P_{in}} = \frac{58}{1000} = 5.8\%$$

式中，ε 为发射率（0.645）；σ 为 Stefan-Boltzmann 常数（5.67×10⁻⁸ W·m⁻²·K⁻⁴）；T_2 为 DDHT/wood 蒸发体表面的温度（311.75K）；T_1 为蒸汽发生器邻近环境的温度（297.75K）。根据发射光谱和普朗克公式计算 DDHT/wood 蒸发体的发射率为 0.645。

根据牛顿冷却定律，对流热损失计算公式如下：

$$P_{conv} = h(T_2 - T_1) = 5 \times (311.75 - 297.75) = 70 (\text{W} \cdot \text{m}^{-2})$$

$$\eta_{conv} = \frac{P_{conv}}{P_{in}} = \frac{70}{1000} = 7.0\%$$

式中，h 为换热系数，根据以前的报告，约为 5W·m⁻²·K⁻¹；T_2 为 DDHT/

wood 蒸发体表面温度（311.75K）；T_1 为蒸汽发生器邻近环境温度（297.75K）。

（2）DDHT/wood 蒸发体长期蒸发稳定性研究

合格的太阳能光热蒸发体必须具有长期稳定蒸发的能力，为此，使用 $1.0\text{kW}\cdot\text{m}^{-2}$ 的模拟太阳光连续照射 15 小时，记录每小时水蒸发速率的变化。如图 3-21 所示，在 15 小时蒸发过程中，水蒸发速率基本保持不变。揭示了基于光热材料 DDHT 的太阳能水蒸发装置的良好稳定性。

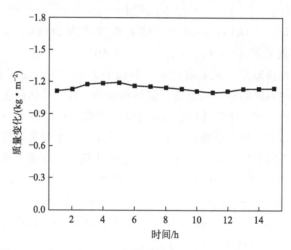

图 3-21　在 $1.0\text{kW}\cdot\text{m}^{-2}$ 的模拟太阳光下，DDHT/wood
水蒸发速率在 15 小时内的变化

（3）DDHT/wood 蒸发体海水淡化性能研究

将黄海海水样本用于探索使用 DDHT/wood 进行太阳能驱动海水淡化的可能性。采用带有冷凝帽和集水装置的简单容器收集淡化海水。利用电感耦合等离子体光谱仪（ICP-OES、Avio 200）测定海水淡化前后 Na^+、Mg^{2+}、Ca^{2+} 和 K^+ 浓度。如图 3-22 所示，未处理海水中 Na^+、Mg^{2+}、Ca^{2+}、K^+ 的浓度分别为 4.81×10^4、1.88×10^4、3.07×10^3、2.07×10^3 $\text{mg}\cdot\text{L}^{-1}$。海水淡化后，$Na^+$、$Mg^{2+}$、$Ca^{2+}$ 和

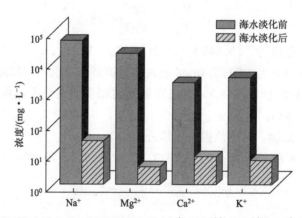

图 3-22　黄海海水淡化前后四种主要离子 Na^+、Mg^{2+}、Ca^{2+} 和 K^+ 的测量浓度

K^+ 的浓度分别降至 26.09、3.74、8.14 和 4.77mg·L^{-1}，远远低于世界卫生组织制定的饮用水标准。实验证明 DDHT/wood 具有高效的海水蒸发淡化能力。

3.7 DDHT/wood 太阳能蒸发体水电联产一体化研究

塞贝克温差发电技术是在温度梯度下导体内的载流子从热端向冷端运动，在材料内部形成电势差，同时在该电势差作用下产生一个反向电荷流，当热运动的电荷流与内部电场达到动态平衡时，材料两端就会形成稳定的温差电动势。其优势在于可以轻松将温度差转化为可利用的能量，它依赖于温度变化，可以利用海洋温差、地表温度、空气温度等温度变化获取电能。它是一种无污染、绿色，可再利用的发电技术。且操作成本较低，安装、维护也比较方便。因此本部分设想利用太阳能驱动光热材料在光热转换进行水蒸发同时并行进行温差发电，综合高效利用太阳能。

前面的实验证明，有机小分子材料 DDHT 具备优越的光热性能；结合天然椴木直纹木皮制备的太阳能蒸发体也展现出良好稳定的光热性能与水蒸发性能。基于此，本节将光热材料 DDHT 与热电转换温差发电模块相结合，利用太阳能光热转换触发塞贝克效应构建了一种小型发电装置。在此过程中，利用太阳光照射，光热材料吸收太阳光产生的热能和热电模块另一端接触循环水所产生的温差来进行发电。在此基础上，以光热材料 DDHT 结合天然椴木直纹木皮，构筑了一种新型环境友好的太阳能蒸发体材料（DDHT/wood），并结合热电模块在 DDHT/wood 蒸发体的基础上设计了一种新型环境友好的水电联产一体化设备。在太阳光的驱动下可以有效进行洁净水与稳定电能并行产出，为有效减少能源消耗，解决水资源短缺问题提出了新的解决方案。

3.7.1 热电转换器件的制备

将温差发电技术应用在太阳能发电中也是一种非常有效的方式。利用光热材料吸收太阳光能够产生热量，而连接热电模块能够形成温差触发塞贝克效应进而将温差转换为电能，最终完成太阳能到电能的转换。如图 3-23 所示，在此设想下将 20mg DDHT 粉末充分溶解于 1mL THF 后，将该溶液与导热硅脂充分混合，涂抹在热电模块上表面。待干燥后使用上表面接收太阳光，在热电模块的底部通过循环冷却水形成温差并产生电动势，成为太阳能驱动的光热转换发电器件。

3.7.2 热电转换性质研究

（1）电压性能研究

使用模拟太阳光照射热电器件上表面，装置底部匀速通过循环冷却水。装置示意图如图 3-24(a) 所示，使用红外摄像机记录器件表面与循环水箱表面的温差变化；使用 Keithley 6514 静电计记录热电器件产生的电压强度，随后导出数据，绘制电压与时

图 3-23　空白模块和热电模块［DDHT（20mg）涂层热电模块］的照片

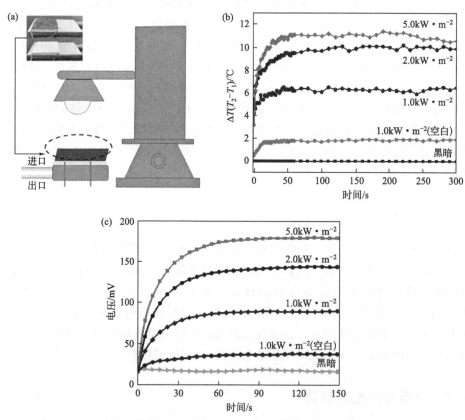

图 3-24　（a）热电器件发电示意图；（b）在不同模拟太阳光强度（1.0、2.0、
5.0kW·m⁻²）和黑暗条件下，热电器件表面与循环水之间的温差曲线；
（c）热电器件在不同模拟太阳光强度（1.0、2.0、5.0kW·m⁻²）和
黑暗条件下电压的变化趋势

图 3-23　空白模块和热电模块［DDHT（20mg）涂层热电模块］的照片

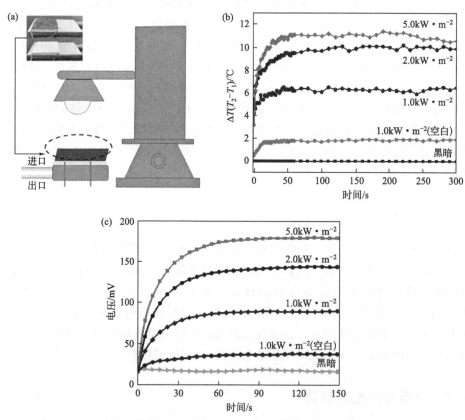

图 3-24　（a）热电器件发电示意图；（b）在不同模拟太阳光强度（1.0、2.0、
5.0kW·m⁻²）和黑暗条件下，热电器件表面与循环水之间的温差曲线；
（c）热电器件在不同模拟太阳光强度（1.0、2.0、5.0kW·m⁻²）和
黑暗条件下电压的变化趋势

间的变化曲线。如图 3-24(b) 所示，当模拟太阳光强度为 1.0、2.0 和 5.0kW·m^{-2} 时，热电器件两侧温差分别为 6.1、10 和 11.3℃。如图 3-24(c) 所示，与空白器件和处于黑暗中的热电器件相比，随着太阳光强度的增加，热电器件稳定电压逐渐增加，在 1.0、2.0 和 5.0kW·m^{-2} 的模拟太阳光强度下分别达到 90.3、145.9 和 179.5mV。该实验表明，将 DDHT 与热电模块相结合能够产生较强的电压信号，有望成为偏远地区解决电力短缺问题的新型方案。

（2）电压稳定性研究

使用模拟太阳光照射热电器件上表面，保持循环冷却水匀速流通表面。在每个循环内连续照射热电装置 3 分钟，待电压稳定在最高处，撤走光源，使热电装置自然冷却 3 分钟至室温，连续循环 3 次。分别在 1.0、2.0、5.0kW·m^{-2} 模拟太阳光强度下进行此实验，使用 Keithley 6514 静电计记录热电装置产生的电压强度变化曲线。

如图 3-25 所示，热电器件输出的电压在不同的光强下均处于稳定状态。在测试 5 个循环的过程中，输出电压具有良好的规律性，能够随着光强度的变化快速响应、快速变化。实验证明该热电器件具有良好的稳定性，有效地证明了 DDHT 结合热电模块进行太阳能热电转换的可能性，为太阳能蒸发与热电发电的协同开发奠定了基础。

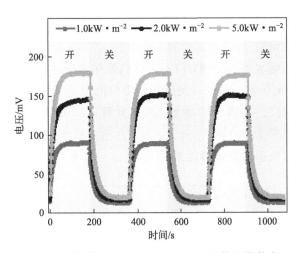

图 3-25　涂覆 DDHT 粉末（20mg）的热电器件在
5 个循环过程中热电转换性能的稳定性

3.7.3　水电联产一体化装置制备

为防止蒸发过程中的热量浪费，设计在 DDHT/wood 蒸发体蒸发水的同时通过热电模块利用太阳能吸收器表面与水之间的静态温差来收集电能。构建了水电联产一体化装置，以实现太阳能转换的高效利用。如图 3-26 所示，热电模块的上部紧贴着 DDHT/wood 复合材料，用 PS 泡沫固定热电模块，使浸渍 DDHT 的一侧接受阳光照射，而下部浸泡在水中的木皮不断将水输送到顶部进行蒸发。该装置的上表面在阳光照射下达到了较高的温度以蒸发水，而该装置的底部则被水冷却，从而产生了用于发电的静态温差。用红外摄像机记录装置表面与水面的温差变化，用分析天平记录水的质量变化，使用 Keithley 6514 静电计记录输出电压变化。

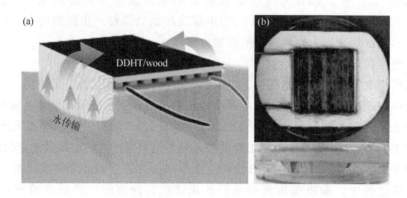

图 3-26　水电联产一体化装置示意图（a）和实际设备的顶部和侧面视图（b）
采用聚苯乙烯泡沫作为漂浮载体

3.7.4　一体化装置性能研究

（1）水蒸发性能研究

使用表面皿作为盛水器具，DDHT/wood 蒸发体紧贴热电模块，木皮两端插入水中，使用 PS 泡沫固定住整个系统，使用红外摄像机记录装置表面温度变化，使用分析天平记录水质量变化。如图 3-27 所示，经过计算，在 $1.0kW \cdot m^{-2}$ 的模拟太阳光强度下，水分蒸发速率为 $0.77kg \cdot m^{-2} \cdot h^{-1}$，蒸发效率为 52.3%。实验证明水电联产一体化装置拥有快速蒸发水的能力。

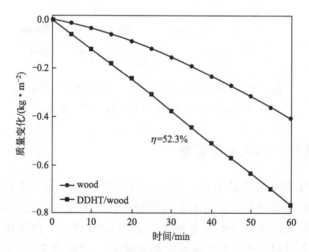

图 3-27　在 $1.0kW \cdot m^{-2}$ 的模拟太阳光强度下，空白椴木木皮和
DDHT/wood 1 小时的质量变化曲线

（2）热电转换性质研究

在水电联产一体化装置实际蒸发的过程中，使用红外摄像机记录过程中装置表面与水面的温差变化，采用 Keithley 6514 静电计记录实验过程中的电压变化。如图 3-28(a) 所示，DDHT/wood 器件在 $1.0kW \cdot m^{-2}$ 模拟太阳光照射下的温度差明显高于空白椴木木皮，且温差随光照强度的增加而增大；如图 3-28(b) 所示，随着光照强度的增大，一体化装置所利用余热输出的电压也不断增大。在 1.0 和 2.0 $kW \cdot m^{-2}$ 模拟太阳光照射条件下，最大电压分别为 45.6 和 91.2mV；在 $5.0kW \cdot m^{-2}$ 模拟太阳光强度下，输出电压可高达 158.7mV。实验证明，基于 DDHT/wood 的水电联产一体化装置能够有效在水蒸发过程中利用余热发电，为高效利用太阳能解决淡水资源以及能源短缺问题提供了一条新的途径。

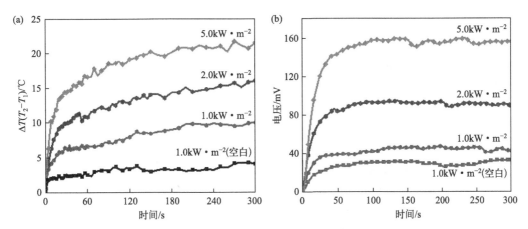

图 3-28 （a）在不同光照强度（1.0、2.0 和 5.0$kW \cdot m^{-2}$）下，水面与 DDHT/wood 表面温差随时间变化的曲线；（b）不同光照强度（1.0、2.0、5.0$kW \cdot m^{-2}$）下水电联产装置产生的电压变化趋势

3.8 小结

本部分研究工作主要分为以下三个方面：

① 通过给电子单元（芳胺）和吸电子单元（喹喔啉[2,3-a]吩嗪）融合，合成了具有强 π-π 相互作用的平面化 D-A 型有机光热材料（DDHT），由于 D-A 融合结构 DDHT 具有强 ICT 效应，在固体状态下具有较宽的光吸收（300～950nm）。DDHT 的 HOMO 和 LUMO 能级能量分别为 −4.59 和 −2.35eV，计算出的窄带隙为 2.24eV，窄带隙值也从理论上验证了材料的宽光谱吸收能力。DDHT 分子采用面对面的堆叠排列，π-π 叠加相互作用可以促进非辐射迁移并触发光热转化。DDHT 分子具有平面结构，共轭平面部分具有很小的空间位阻，具有强的面对面分子间 π-π 相互作用，能够增强分子的非辐射衰变，从结构上验证了材料的光热转换能力。DDHT 具有 300～950nm 的光谱吸收、极低的荧光量子产率，表明其拥有良好的光吸收能

力。利用循环伏安法测试并计算后能够得到与密度泛函理论计算相同的窄带隙值，进一步证实其出色的光吸收能力。DDHT 的分解温度为 328℃，具有良好的热稳定性。在 655nm 激光照射下，光热转换效率达到 58.58%，在 $1.0kW \cdot m^{-2}$ 太阳光照射下光热转换效率为 13.64%，DDHT 展现出优越的光热转换能力和光热稳定性，能够用于太阳能热能转换。

② 将光热材料 DDHT 与天然椴木直纹木皮结合，制备了太阳能蒸发体（DDHT/wood）。沿着椴木木皮生长方向上存在丰富的孔隙结构，DDHT 可以很好地附着在通道外表面，DDHT/wood 能够有效利用椴木木皮的输水性能以及 DDHT 的光热性能。DDHT/wood 复合材料在 300～950nm 区域具有较宽的吸收光谱。DDHT/wood 的热导率比空白椴木木皮更低，隔热效果更好，能进一步避免热量损失。在模拟太阳光照射下，DDHT/wood 复合材料具备优异的光热转换性能与良好的稳定性。DDHT/wood 蒸发装置在 $1.0kW \cdot m^{-2}$ 模拟太阳光下的蒸发速率为 $1.13kg \cdot m^{-2} \cdot h^{-1}$，蒸发效率可达 78.40%，能够长期稳定地进行水蒸发。在真实海水环境中，能够有效淡化海水。该材料能够长期有效地应用于太阳能海水蒸发淡化。

③ 将 DDHT 材料与热电模块结合进行太阳光驱动温差发电，在模拟太阳光照射下测试发现，该热电装置能够产生稳定的电能，在 $1.0kW \cdot m^{-2}$ 的模拟太阳光照射下，热电器件输出电压为 90.3mV，电压根据光照强度的增加逐渐增加，并且拥有良好的循环稳定性。在此基础之上，将 DDHT/wood 复合材料与热电模块结合构建了一种太阳光驱动水电一体化生产装置。在 $1.0kW \cdot m^{-2}$ 的模拟太阳光照射下，水电联产装置的蒸发速率为 $0.77kg \cdot m^{-2} \cdot h^{-1}$，输出电压为 45.6mV。该装置实现了清洁水与稳定电能同步生产。展示了一种高效利用太阳能来解决淡水资源和能源短缺问题的新方法。

4

喹吖啶酮基光热材料构筑
及性质研究

4.1 引言

　　太阳能以循环再生、清洁绿色、获取方便等优点，引起了众多科学家们的关注。目前，太阳能光热转化技术已应用在海水淡化和温差发电等领域。在海水淡化领域，其原理是太阳能蒸发体吸收光能并将其直接转化为热能，通过低温蒸发海水，从而达到淡化的效果，具有绿色环保的特点。然而在蒸发过程中，会发生由传导、对流或辐射造成的系统性热损失［图 4-1(a)］。为此，科研工作者们经过改进，从最初的底部蒸发到中期的体相蒸发，最后创新性地提出了一种界面蒸发方法［图 4-1(b)］，避免了整个体积的加热，最大限度地减少了系统性热损失和光热材料的使用量，是目前提高太阳能光热蒸发效率的有效方法之一。在温差发电领域，其原理是基于热电效应［图 4-1(c)］，温差发电片在冷热两端之间形成温差，通过内部的热电效应产生电动势，使回路形成电流，从而达到供电的效果。该热电效应主要包含了塞贝克（Seebeck）效应、帕尔贴（Peltier）效应和汤姆逊（Thomson）效应，它们共同构建了温差发电的工作原理。此外，经研究发现，将光热蒸发与温差发电相结合，可进一步提高太阳能利用率，减少系统不必要的热损失。

　　对烷基化喹吖啶酮光电材料进行修饰，提升其光热转化能力，将其转化为具有良好光热性能的喹吖啶酮基光热材料。一方面，利用有机材料的光热性能，结合支撑体组合成太阳能蒸发体，在太阳光照射下，达到淡化海水的目的。另一方面，有机材料与温差发电片组合构建热电转换器件，在强太阳光照射下，为小功率电器供电。最终，将太阳能界面蒸发与温差发电结合，构建集光-热-水-电转化于一体的水电一体化

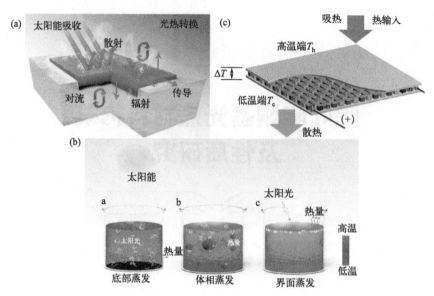

图 4-1 (a) 太阳能光热蒸发工作原理；(b) 太阳能光热蒸发类型；
(c) 温差发电工作原理

器件，利用蒸发余热发电，达到水电联产的目的。该工作既为有机光电材料的应用领域提供了新思路，又有助于实现太阳能余热发电，具体内容如下：

① 为了将有机光电材料转化为光热材料，对喹吖啶酮衍生物进行修饰。首先，引入具有强吸电子效应的丙二腈，连接在烷基化喹吖啶酮（DBQA）的两侧，通过增加分子内电荷转移，扩大聚集态吸收光谱范围，提高摩尔吸光系数，使得新合成的喹吖啶酮衍生物光热小分子（DCN-4CQA）获得更好的光热性能。其次，通过扫描吸收光谱分析了各化合物的吸收能力，借助理论计算结果解释了各化合物的光物理性质；由单晶 X 射线衍射数据分析了 DCN-4CQA 的结构、分子堆积情况及分子间相互作用力。再通过对比各化合物的光热转化能力、光稳定性，验证了设计分子的思路是否正确。最后，通过热分析曲线测试了 DCN-4CQA 分子的热稳定性。

② 基于 DCN-4CQA 的良好光热性能，选择具有多孔结构的纤维素纸作为支撑体，制备了不同形状的太阳能蒸发体。借助扫描电镜观察蒸发体的形貌及材料的负载情况，通过扫描吸收光谱分析蒸发体的吸收能力。将蒸发体置于模拟太阳光下照射，观察其在 $100\text{mW}\cdot\text{cm}^{-2}$ 光强下的升温情况，分析蒸发体的光热转换能力。最后，搭建太阳能界面蒸发装置，观察蒸发系统在太阳光照射下的质量变化情况，分析其水蒸发能力。利用其良好水蒸发性能，应用于海水淡化，借助电感耦合等离子体光谱仪测试脱盐前后的主要离子浓度，分析蒸发体的海水淡化能力。

③ 构筑了一种由 DCN-4CQA 光热材料与温差发电片组成的热电转换器件（DCN-4CQA@TE）。将 DCN-4CQA@TE 置于热端与冷端之间，观察器件上下两端的温差变化情况，测试 DCN-4CQA@TE 的光热转化能力。同时，借助美国吉时利静

电计, 测量器件的开路电压和输出电流, 并计算出最大输出功率, 分析 DCN-4CQA @TE 的热电转换性能。器件经过五次加热-冷却光源开关循环, 观察输出电压数值的变化情况, 探究 DCN-4CQA@TE 的电压稳定性。收集近六个月反复使用 DCN-4CQA@TE 的开路电压数据, 判断该器件是否可多次重复使用。最后, 将界面蒸发水与温差发电结合, 构筑集光-热-水-电转化于一体的水电一体化器件, 并通过观察在光照下的质量、温差、开路电压等数值变化情况, 分析其具体的水蒸发和热电转换性能。

4.2 喹吖啶酮类有机材料

1935 年, H. Lieberman 首次合成了喹啉并[2,3-b]-吖啶-5,12-二氢-7,14-二酮[即喹吖啶酮 (QA)], 其是经典的红色染料小分子, 分子结构式如图 4-2 所示。由于具有很强的荧光性, 出色的光、热和化学稳定性, 其主要作为工业塑料、油漆、印刷油墨的着色剂使用。同时, 由于这种红色颜料具有光伏活性、有效的载流子迁移率和电化学稳定性, 在有机光电领域也被广泛应用。

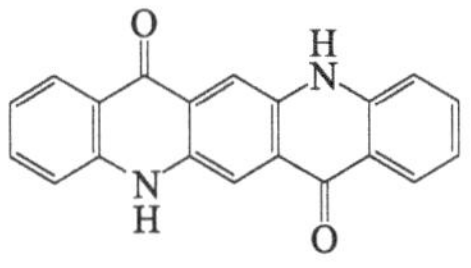

1984 年, Masaaki Yokoyama 课题组将喹吖啶酮染料分散在聚合物黏合剂中, 制作了肖特基型有机太阳能电池。其在 550nm 光照强度为 $200\mu W \cdot cm^{-2}$ 下, 光电转换效率 $\eta=0.34\%$, 短路电流密度为 $1.58mA \cdot cm^{-2}$, 开路电压可达 1.15V。随后, 该课题组在 1987 年制备了 CdS 和 2,9-二甲基喹吖啶酮经电化学沉积的异质结有机太阳能电池。其在 $71mW \cdot cm^{-2}$ 白光照下, 获得了 0.61V 的开路电压和 $127\mu A \cdot cm^{-2}$ 的短路电流密度。并在 $15mW \cdot cm^{-2}$ 白光下连续照射一个月, 开路电压与短路电流密度均没有变化, 表现出良好的稳定性。

图 4-2 喹吖啶酮的
结构式

但喹吖啶酮分子间的 N—H…O 氢键作用和聚集状态时的分子间 π-π 相互作用, 导致喹吖啶酮易形成 3D 网络结构, 使得喹吖啶酮的溶解性很差, 阻碍了学者们对喹吖啶酮基本性质的研究及其应用的进一步发掘。许多课题组的研究表明, 在 N 原子上引入烷基链修饰喹吖啶酮分子, 可以有效地改善 QA 的溶解性。并且烷基取代后的喹吖啶酮衍生物, 其溶解度、聚集性质和光电特性等都得到了进一步提升, 被广泛应用于化学传感器、有机光伏器件和超分子组装等领域。

2014 年, 瞿祎等合成了以硫代羰基喹吖啶酮为原料的共轭聚合物纳米颗粒 (PTQA-NPs), 用于汞离子的检测和生物成像 (图 4-3)。在 PTQA-NPs 的氯仿溶液中, 汞离子的加入可使在可见光区的吸收颜色由绿色变为棕色再变为橙色, 荧光增强了 30 倍以上, 具有良好的响应性能。此外, 该共轭聚合物体系对水溶液中汞离子的检测也表现出高灵敏度。在此基础上, 该课题组于 2017 年设计合成了一种用于检测石油样品中汞金属离子的喹吖啶酮基荧光传感器 (STQA16) [图 4-3(b)]。其中, 两个正十六烷烃链的引入, 提升了喹吖啶酮分子的溶解性。选择性硫醇化一个喹吖啶酮骨架的羰基，使其能够与汞金属离子相互作用，使得喹吖啶酮基荧光猝灭，从而达到检测汞金属离子的目的。实验结果表明，STQA16 在 60s 内表现出快速响应过程，在化学传感器及生物标记领域表现出良好的应用价值。

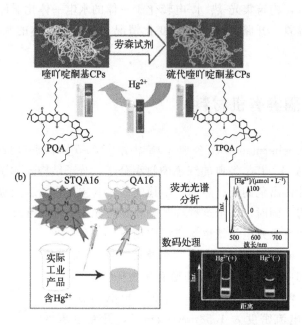

图 4-3　(a) 以硫代羰基喹吖啶酮为原料的共轭聚合物纳米颗粒，
用于汞离子的检测和生物成像；(b) 喹吖啶酮基
荧光传感器 (STQA16)

John Jun-An Chen 等通过引入烷基链增加喹吖啶酮分子的溶解性，再连接噻吩和苯并噻二唑电荷传输基团，合成了一系列基于喹吖啶酮衍生物的功能分子（QA-BT、QA-BTD）。QA-BT 或 QA-BTD 与 PC70BM 的混合溶液可形成均匀的薄膜，其共混膜的空穴迁移率可达 $1 \times 10^{-4} cm^2 \cdot V^{-1} \cdot s^{-1}$。以喹吖啶酮衍生物为给体，PC70BM 为受体，制备了有机体异质结太阳能电池。其在 AM 1.5 G 模拟太阳光照下，功率转换效率（PCE）高达 2.22%，外部量子效率（EQE）高达 45%。探索了两个系列新型喹吖啶酮基材料，它们结合了在可见光区域的宽范围内的强吸收和良好的电学特性，被用作有机太阳能电池的新型电子受体材料。Iqbal Javed 等通过在烷基取代的喹吖啶酮的羰基位置引入吸电子基团（—CN，—COOH），合成了独特的环状化合物 1~6（图 4-4）。这些可溶性化合物作为受体和 3-己基噻吩（P3HT）给体结合制备有机体异质结太阳能电池。其在 AM 1.5 G 模拟太阳光照射下，短路电流密度 $1.80mA \cdot cm^{-2}$、开路电压 0.50V 和填充因子 47% 时，化合物 5 的太阳能电池最大功率转换效率为 0.42%。由于喹吖啶酮衍生物具有低成本、易修饰、良好的电化学稳定性和光稳定性等许多优点，在异质结太阳能电池中具有很大的应用潜力。

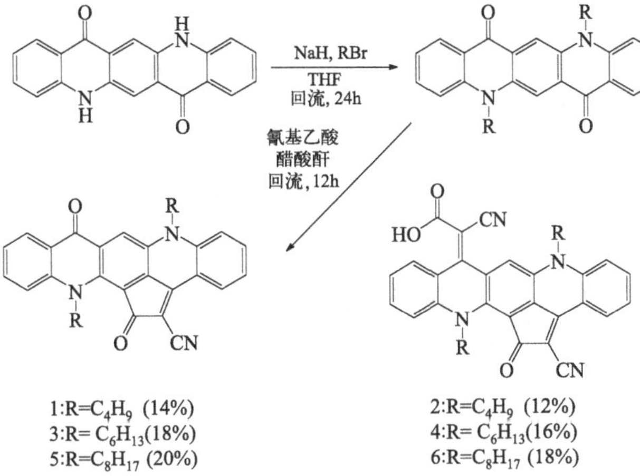

1:R=C₄H₉ (14%)
3:R=C₆H₁₃(18%)
5:R=C₈H₁₇(20%)

2:R=C₄H₉ (12%)
4:R=C₆H₁₃(16%)
6:R=C₈H₁₇(18%)

图 4-4　烷基单取代喹吖啶酮（化合物 1、3、5）和双取代化合物
（2、4、6）的合成路线

4.3　喹吖啶酮基光热材料光物理性质研究

近几年，各种具有高效太阳能吸收能力的光热材料得到了充分开发，目前可以分为四大类，即碳基材料、金属基材料、有机聚合物和有机小分子。其中，碳基材料和金属基材料存在不易加工、高成本等问题，有机聚合物存在不稳定的缺点，限制其实际应用。而有机小分子材料在柔性、结构多样性和易修饰加工方面具有独特的优势，若对其进一步修饰，提高其光热性能，能够拓宽有机小分子材料应用领域。

其中，喹吖啶酮是一类经典的有机光电小分子。其本身具有较大的共轭体系，由于其优异的化学稳定性、发光特性和电子传输特性，在有机发光二极管（OLED）、有机场效应晶体管（OFET）和有机太阳能电池（OSC）等光电领域有着广泛应用。此外，喹吖啶酮还具有良好的热稳定性、活性反应位点多、便于分子修饰等优点，因此，其在有机光热领域也有巨大的应用潜力。由于增加分子内电荷转移是扩大光谱吸收的有效方法之一，因此，引入具有强吸电子效应的丙二腈修饰烷基化喹吖啶酮分子，将光电材料转变为光热材料，从而拓宽有机小分子的应用领域，为有机小分子在太阳能利用作出重要贡献。

图 4-5 为 DBQA 和 DCN-4CQA 分子在 DMF 溶液中的吸收光谱。将 DBQA 和 DCN-4CQA 溶于 DMF 溶剂中配制了浓度为 $20\mu g \cdot mL^{-1}$ 的溶液。通过扫描各化合物溶液的紫外光谱，探究了溶液的吸收情况。从图 4-5 中可以看出，经过丙二腈取代后的 DCN-4CQA，其最大吸收波长在 636nm。而烷基化喹吖啶酮（DBQA）的最大吸收波长在 520.5nm，与之相比 DCN-4CQA 的吸收波长显著红移，多达 115nm。这是由于在 DBQA 分子中引入了具有强吸电子效应的丙二腈，增强了其分子内电荷转移，从而促进了 DCN-4CQA 分子的吸收波长红移。

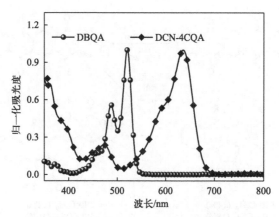

图 4-5　DBQA 和 DCN-4CQA 在 DMF 溶液
（20μg·mL⁻¹）中的吸收光谱

图 4-6 为 DBQA 和 DCN-4CQA 粉末的吸收光谱。由于在太阳能实际应用中各化合物主要以聚集态形式存在，因此通过日立 U-4100 紫外-可见-近红外分光光度计扫描了粉末吸收光谱，并分析了化合物在聚集态时的吸收情况。比较图 4-5 和图 4-6，发现在不同的堆积情况下，分子的吸收性能存在明显的差异。这是由于分子间的 π-π 相互作用，解释了 DCN-4CQA 在粉末聚集态时相较于稀溶液分散状态时的吸收光谱会红移的现象。从图 4-6 中可以看出，DCN-4CQA 粉末在 300～800nm 范围内有较强的吸收，而 DBQA 粉末的吸收范围仅在 300～600nm。相较于 DBQA，引入丙二腈可使 DCN-4CQA 的吸收范围拓宽约 200nm，与稀溶液态下观察到的光谱红移结果一致。通过对比两个分子的吸收光谱，再次证明引入强吸电子效应的丙二腈，通过增加分子内电荷转移，可有效增强分子的吸收能力，更有利于捕获更多的太阳能用于光热转化。DCN-4CQA 分子更广泛的光谱吸收，说明其更适合作为一种太阳能光热材料进行应用。

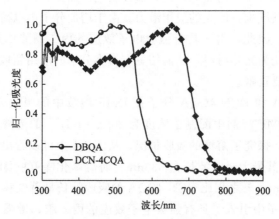

图 4-6　DBQA 和 DCN-4CQA 粉末的吸收光谱

摩尔吸光系数（ε）是指某物质在特定波长下的光吸收能力量度，ε 越大，表明该物质的光吸收能力越强。因此优秀的光热转化材料不仅要有宽光谱吸收范围，还要有较高的摩尔吸光系数。因此，通过测量 DBQA 和 DCN-4CQA 在最大吸收波长下，不同浓度梯度的吸光度，计算出各化合物的摩尔吸光系数，从而分析了材料的光吸收能力。具体的摩尔吸光系数计算方法见式(4-1)：

$$A = \varepsilon b c \tag{4-1}$$

式中　A——某物质在特定波长下的吸光度；

　　　ε——某物质的摩尔吸光系数，$L \cdot mol^{-1} \cdot cm^{-1}$；

　　　b——光程，cm；

　　　c——溶液的浓度，$mol \cdot L^{-1}$。

图 4-7 为 DBQA 和 DCN-4CQA 的摩尔吸光系数图。图中的斜率即为各化合物的摩尔吸光系数。由图 4-7 可知，在 520.5nm 波长下 DBQA 的摩尔吸光系数为 $1.8199 \times 10^{4} L \cdot mol^{-1} \cdot cm^{-1}$，而在 636nm 波长下 DCN-4CQA 的摩尔吸光系数为 $5.9401 \times 10^{4} L \cdot mol^{-1} \cdot cm^{-1}$。由此可见，相较于 DBQA，DCN-4CQA 的摩尔吸光系数更高，说明 DCN-4CQA 的吸收能力更强，更适合作为光热转换材料。

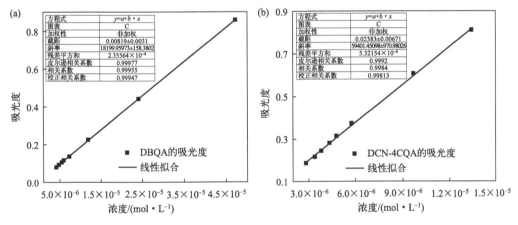

图 4-7　各化合物的摩尔吸光系数图

(a) DBQA；(b) DCN-4CQA

通过稳态瞬态荧光光谱仪，扫描 DBQA 和 DCN-4CQA 在 DMF 溶液中及粉末状态时的荧光发射光谱。如图 4-8 所示，有机小分子在稀溶液中的荧光发射峰与其吸收光谱的最大波长相近。例如，DBQA 稀溶液的荧光发射峰在 535nm 左右，其最大吸收波长为 520.5nm；DCN-4CQA 稀溶液的荧光发射峰在 666nm，其最大吸收波长在 636nm。还发现丙二腈的引入使得 DCN-4CQA 的发射峰位发生了显著红移。其原因在于丙二腈具有较强的吸电子效应，可以降低分子的 LUMO 轨道能量，使得分子的带隙能降低，从而导致发射峰位红移。不仅如此，溶液态的 DBQA 荧光量子产率为 59.58%，而 DCN-4CQA 的荧光量子产率仅有 1%，可忽略不计，这也是因为丙二腈的引入，改变了分子的堆积情况。

随后，分析了粉末状态的荧光光谱和数据。从图 4-8 中可以看出，与稀溶液相比较，粉末状态的有机小分子由于分子的聚集，荧光发射光谱产生了明显的差异。各化合物在粉末状态的荧光量子产率几乎可忽略不计，这说明分子的堆叠方式和分子间的相互作用方式对荧光发射光谱有一定的影响。接着，与粉末状态的 DBQA 相比较，DCN-4CQA 的荧光发射峰位进一步红移，甚至达到了近红外区（约 752nm），这将有利于其在近红外区的应用。由于材料的弱荧光特性有助于光热转化，且丙二腈取代的烷基喹吖啶酮的荧光发射峰位在近红外区，说明 DCN-4CQA 相较于 DBQA 更适用于太阳能光热转化领域。

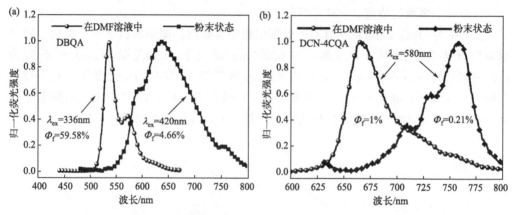

图 4-8　各化合物在稀溶液及粉末态的荧光发射光谱
(a) DBQA；(b) DCN-4CQA

4.4　理论计算

DBQA 和 DCN-4CQA 的基态结构采用密度泛函理论 B3LYP/6-31（G）的方法进行几何结构优化，在优化的几何结构水平上计算了体系的 HOMO 和 LUMO 轨道的能量。DBQA 和 DCN-4CQA 的几何构型可视化由 GaussView 软件操作，同时所有的计算均由 Gaussian 09W 软件进行，化合物的 HOMO、LUMO 轨道分布及具体能量数据结果如图 4-9 所示。

为了更进一步了解材料的吸收，对 DBQA 和 DCN-4CQA 化合物进行了密度泛函理论计算。由计算结果可知，DCN-4CQA 的 E_{HOMO}、E_{LUMO} 和 ΔE 分别为 -5.62、-3.16 和 $2.46eV$，而 DBQA 的 E_{HOMO}、E_{LUMO} 和 ΔE 分别为 -5.18、-2.08 和 $3.10eV$。结果表明，丙二腈的引入会导致分子的 HOMO 和 LUMO 轨道能量下降，这主要是受丙二腈的强吸电子性质所致。丙二腈的引入会使分子具有较强的接受电子能力，较弱的给电子能力，从而降低分子带隙。由于 DCN-4CQA 具有较小的带隙，可以使光谱红移，更有利于材料在长波处吸收。这一结果从侧面证明了吸收光谱和荧光光谱红移的现象，也证明了引入丙二腈来设计分子结构的方法是可行的。

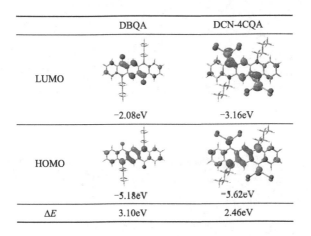

	DBQA	DCN-4CQA
LUMO		
	−2.08eV	−3.16eV
HOMO		
	−5.18eV	−3.62eV
ΔE	3.10eV	2.46eV

图 4-9　DBQA 和 DCN-4CQA 化合物的前线轨道分布图

4.5　结构性质

4.5.1　单晶生长方法

采用液相扩散法制备了 DCN-4CQA 晶体。将 DCN-4CQA 用良溶剂溶解于试管中，将不良溶剂慢慢滴入管壁，瓶口处用密封膜封口，降低挥发率。大约放置一周后，获得小体积的 DCN-4CQA 单晶。单晶 X 射线衍射数据是用 Bruker D8 Venture 衍射仪测量收集的。其晶体结构的解析是由软件 Mercury 2020.3.0 完成。

4.5.2　晶体结构分析

为进一步了解 DCN-4CQA 化合物分子的结构，对其进行了单晶培养，获得晶体结构。

图 4-10 为 DCN-4CQA 的分子结构和分子堆积方式。由前视图可知，烷基取代基和丙二腈分别位于喹吖啶酮共轭芳环的两侧。由侧视图可知，DCN-4CQA 分子存在部分平面结构，共轭平面部分空间位阻效应较小，可以使得分子间进行有效的 π-π 堆积。单晶 X 射线衍射分析，相邻的 DCN-4CQA 分子边缘存在一定的接触，其边缘苯环碳与中间苯环平面距离为 3.260Å，相邻芳香环二面角为 13.19°，这表明 DCN-4CQA 具有较强的分子间 π-π 相互作用。图 4-11 为 DCN-4CQA 的分子堆积和分子间相互作用的侧视图与前视图。这种有效的分子堆积扩大了吸收光谱，与之前的紫外吸收结果一致。同时，这种较强的分子间相互作用力，可能会导致荧光猝灭，是 DCN-4CQA 荧光量子产率低的原因。

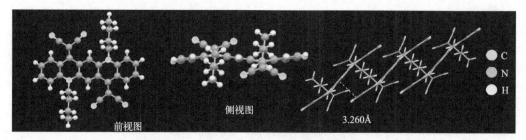

图 4-10　DCN-4CQA 的分子结构和分子堆积方式

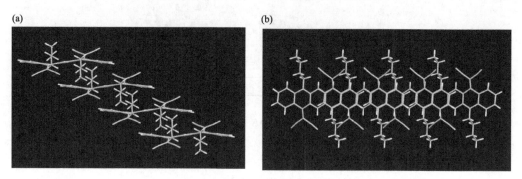

图 4-11　DCN-4CQA 的分子堆积与分子间相互作用的侧视图（a）和前视图（b）

4.6　光热性能

4.6.1　太阳能光热性能

（1）光热转化能力

在不同太阳光强度下（50、100、150、200mW·cm^{-2}），分别照射 5mg DBQA 和 DCN-4CQA 粉末 10min，并用红外热像仪记录粉末表面的温度变化情况，进而分析不同材料的太阳能光热转化能力。图 4-12 和表 4-1 为 DBQA 和 DCN-4CQA 粉末的

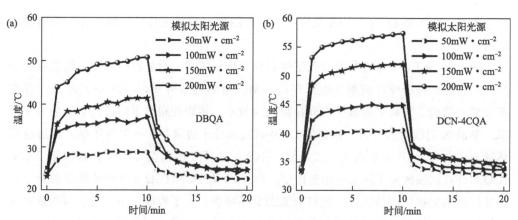

图 4-12　粉末状有机小分子在不同太阳光强度下的光热转化行为

（a）DBQA；（b）DCN-4CQA

光热转化行为和具体温度数据。在 50mW·cm^{-2} 的太阳光强度下，DBQA 粉末的表面温度仅有 28.7℃，而 DCN-4CQA 粉末的表面温度与之相比高出 12℃左右，达到了 40.5℃。随着太阳光强度的增加，材料的表面平衡温度均有所提升，且 DCN-4CQA 粉末的表面温度均高于 DBQA 粉末。由图 4-12（b）可知，DCN-4CQA 粉末在 100mW·cm^{-2} 太阳光强度下，其表面温度迅速上升，5 分钟内即可达到平衡温度 45℃。在强光照射下表面温度甚至可达 57.4℃，而在相同条件下，DBQA 的平衡温度仅为 50.8℃。由此可以说明，DCN-4CQA 的光热性能明显优于 DBQA，丙二腈的引入可以将光电分子转变为光热分子。

表 4-1　DBQA 和 DCN-4CQA 在不同太阳光强度下的温度数据

太阳光强度/(mW·cm^{-2})	DBQA T_{max}/℃	DCN-4CQA T_{max}/℃
50	28.7	40.5
100	36.9	45
150	41.3	52
200	50.8	57.4

随后，制作了不同结晶度的 DCN-4CQA 纤维素纸，通过测试其吸收光谱和升温曲线，分析了分子堆积对光热性能的影响。首先，取 2mg DCN-4CQA 分别溶于 300μL 的二氯甲烷（DCM）、丙酮（CP）和四氢呋喃（THF）溶剂中。其次，取 100μL 溶液滴在 1cm×1cm 的纤维素纸上。最后分别在不同环境（自然挥发、30℃和 40℃）中干燥制得具有不同结晶度的 DCN-4CQA 纤维素纸。此时，每张纤维素纸上附着的 DCN-4CQA 质量为 0.67mg。如图 4-13（a）所示，在不同结晶度下的纤维素纸仍显示出 300~800nm 的吸收范围，与 DCN-4CQA 粉末的吸收宽度相同，且远高于空白纤维素纸的吸收强度。接着研究了光热转化能力，结果发现它们的表面温度最终均稳定在 44℃，与 DCN-4CQA 粉末的光热性能相近［图 4-13（b）］。由此说明，DCN-4CQA 在不同的分子堆积与相互作用下，其光热性能并没有受到影响。

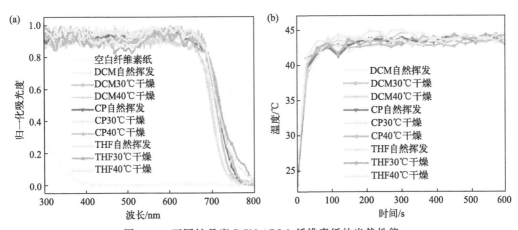

图 4-13　不同结晶度 DCN-4CQA 纤维素纸的光热性能
（a）吸收光谱；（b）光热转化行为

（2）光稳定性

分别测试了 DBQA 和 DCN-4CQA 粉末的光稳定性。通过观察在 $100\text{mW} \cdot \text{cm}^{-2}$ 太阳光强度的 5 个加热-冷却循环下，粉末表面温度的数值变化，确定了这两种材料的光稳定性。图 4-14 为 DBQA 和 DCN-4CQA 粉末在经过 5 个加热-冷却循环下的温度变化图。DBQA 和 DCN-4CQA 粉末的表面温度在 5 次开关循环周期后仍然保持在最高，表现出良好的光稳定性，为太阳能光热领域的应用研究进一步提供了保证。

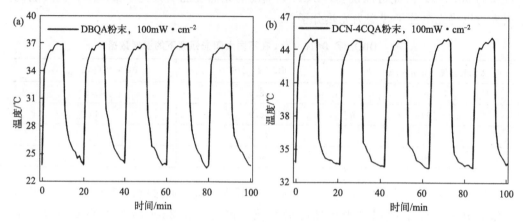

图 4-14　DBQA（a）和 DCN-4CQA（b）的光稳定性能研究

5mg，太阳光强度为 $100\text{mW} \cdot \text{cm}^{-2}$

（3）光热转换效率

基于 DCN-4CQA 的良好光热性能，进一步研究了其光热转换效率。将聚合物纳米粒子水溶液（DCN-4CQA/F127，$50\mu\text{g} \cdot \text{mL}^{-1}$，1mL）置于瓶盖中，并用模拟太阳光（$100\text{mW} \cdot \text{cm}^{-2}$）照射溶液 30min，使用红外热像仪记录溶液表面温度，根据数据计算出太阳能光热转换效率 η，其具体计算公式见式(4-2)～式(4-5)。

$$\eta = \frac{Q}{E} = \frac{Q_1 - Q_2}{E} \tag{4-2}$$

$$Q_1 = Cm\Delta T_1 = C\rho V\Delta T_1 \tag{4-3}$$

$$Q_2 = Cm\Delta T_2 = C\rho V\Delta T_2 \tag{4-4}$$

$$E = PSt \tag{4-5}$$

式中，Q 为系统产生的热能，$Q = Q_1 - Q_2$，其中 Q_1 为 DCN-4CQA 产生的热能，Q_2 为纯水产生的热能；E 是入射光的总能量。Q 由溶液在照射期间的比热容（C）、密度（ρ）、体积（V）和温差（ΔT）决定；E 由入射光的功率（P）、照射面积（S）和照射时间（t）决定。

由于样品在溶液中含量很低，因此计算中使用了水的 C（$4.18\text{J} \cdot \text{g}^{-1} \cdot \text{℃}^{-1}$）和 ρ（$1\text{g} \cdot \text{cm}^{-3}$）。以 DCN-4CQA/F127 为例，在照射过程中溶液表面温度为 46.8℃，初始温度为 21.6℃，则 ΔT_1 为 25.2℃。根据式(4-2)～式(4-5) 计算出，在温差为 25.2℃时，太阳能光热转换效率 η 为 18.2%。表 4-2 为商用羧基化石墨烯（CGO）和 DCN-4CQA/F127 聚合物纳米粒子的具体太阳能光热转换效率数据。

表 4-2 样品的太阳能光热转换效率

样品名称	照射时间/s	$\Delta T/^\circ C$	$\eta/\%$
CGO	1800	15.9	4.1
DCN-4CQA/F127	1800	25.2	18.2

图 4-15(a) 是纯水、CGO 和 DCN-4CQA/F127 聚合物纳米粒子溶液的照片。由图可知，从左到右的溶液颜色逐渐加深，DCN-4CQA/F127 的颜色达到了深蓝色，从宏观角度说明其光吸收能力更强。并且图 4-15(b) 证实了宏观角度看法，DCN-4CQA/F127 的温差远高于商用 CGO。再根据表 4-2，DCN-4CQA 的光热转换效率为18.2%，远高于 CGO 的光热转换效率 4.1%。

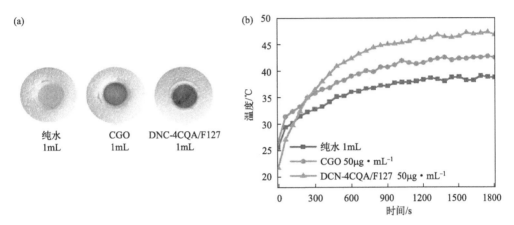

图 4-15 （a）纯水、CGO 和 DCN-4CQA/F127 聚合物胶束的照片；
（b）纯水、CGO 和 DCN-4CQA/F127 聚合物胶束在模拟太阳光
（100mW·cm^{-2}）照射下的温度变化

由此可见，DCN-4CQA 不仅具有良好的太阳能光热转化能力，还具有较高的光稳定性和光热转换效率，可作为太阳能光热材料应用于未来水蒸发和发电领域。

4.6.2 激光光热性能

（1）光热转化能力

DCN-4CQA 主要在紫外-可见光区有强烈吸收，而太阳能光谱中不仅包含了紫外和可见光区，还包含了近红外区。因此，进一步探究了 DCN-4CQA 在近红外区域的光热转化能力。首先，将 4mg DCN-4CQA 粉末置于 730nm 激光（0.8W·cm^{-2}）下照射，并观察其光热转化过程。如图 4-16(a) 所示，可以清晰地观察到 DCN-4CQA 粉末的快速升温和降温的过程。结合图 4-16(b)，DCN-4CQA 粉末在 6s 内温度急剧上升至 110℃，30s 内最高温度可达 129℃，关闭激光器后 30s 内温度迅速下降至室温25℃。此外，温度随着激光功率密度的增加而升高，当激光功率密度为 1.2W·cm^{-2}时，最高温度甚至达到了 251℃。

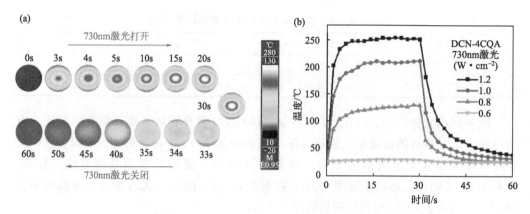

图 4-16 (a) 730nm 激光照射下 DCN-4CQA 粉末的热红外图像；(b) 在不同功率
密度的 730nm 激光照射下 DCN-4CQA 粉末升降温图

（2）光热转换效率

通过计算 DCN-4CQA 在 730nm 激光照射下的光热转换效率，分析了其光热转换能力。根据文献获得了激光光热转换效率的计算公式：

$$\eta = \frac{hS\Delta T_{max}}{I(1-10^{-A_{730}})} \tag{4-6}$$

式中　η——激光的光热转换效率；

　　　I——激光功率密度，$W \cdot cm^{-2}$；

　A_{730}——样品在 730nm 处的吸光度；

ΔT_{max}——样品的最大温差，℃；

　　　h——传热系数；

　　　S——容器的表面积。

将 DCN-4CQA 饱和二氯甲烷溶液滴在石英玻璃上，待溶剂挥发后在石英片上形成均匀薄膜。其在 $1.0W \cdot cm^{-2}$ 的 730nm 激光照射下，最高温度可达 93℃，即最大温差为 73℃ [图 4-17(a)]。通过冷却时间与 $\ln\theta$ 的线性拟合曲线的斜率可推出 hS，

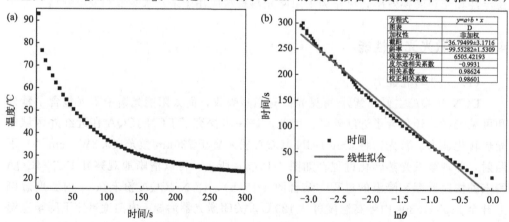

图 4-17 (a) 730nm 激光（$1.0W \cdot cm^{-2}$）照射 DCN-4CQA 薄膜的冷却曲线；
（b）对应的 t-$\ln\theta$ 线性曲线

得出 τ_s 为 99.55s。根据式（4-6），计算出 DCN-4CQA 的激光光热转换效率高达 78.5%。

由以上的激光实验表明，在近红外区 DCN-4CQA 分子仍然具备优异的光热转换能力和光热转换效率，进而展示了其优异的光热性能。

4.7 热稳定性

图 4-18 为 DCN-4CQA 在空气环境且升温速率为 $50℃ \cdot min^{-1}$ 的条件下测得的热分析曲线。由图 4-18(a) 可知，在空气环境条件下，DCN-4CQA 的热分解温度在 335℃。该分子在 335℃之前并没有明显的质量损失，主要在 335℃以后才开始发生明显的热分解。从图 4-18(b) 的 DTG 曲线可以看出，DCN-4CQA 的热解过程主要分为两个阶段。在 50～335℃的温度范围内 DTG 曲线相对平稳，DCN-4CQA 的热分解速率没有发生明显变化，此时该分子的质量损失小于 3%。在 335～420℃的温度范围内，随着温度的升高 DTG 曲线剧烈变化，出现较尖的热失重峰，在 350℃时热失重速率达到最大。对照 TGA 曲线，发现此时 DCN-4CQA 的质量损失量为 7%。在这一阶段，DCN-4CQA 质量损失了 30%。这说明剩余约 70%的 DCN-4CQA 材料是在第二阶段热分解损失的，该分解温度区间为 470～720℃。综上所述，DCN-4CQA 在空气中具有较高热分解温度，证实了其具有良好的热稳定性，说明该分子具备作为光热转换材料应用于太阳能利用领域的巨大潜力。

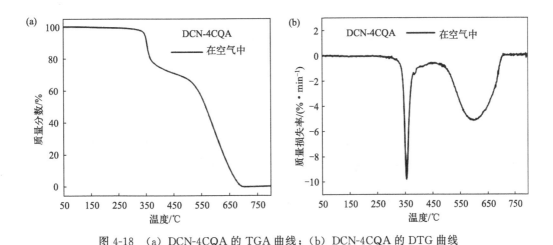

图 4-18　(a) DCN-4CQA 的 TGA 曲线；(b) DCN-4CQA 的 DTG 曲线

4.8 喹吖啶酮基太阳能蒸发体构筑

目前，太阳能蒸发技术已被广泛应用在净水和海水淡化领域。其中，太阳能蒸发体是实现快速水分蒸发的关键因素。但太阳能蒸发体与水的过度接触将发生传导热损失，从而导致转换效率较低。为了解决这一问题，学者们提出了界面蒸发技术，即通过输水通道的毛细效应，将主体水输送到太阳能蒸发体，使得水蒸气的产生仅发生在水-空气界面，这样物质与水的接触最少，热量损失最低。纤维素纸是多孔结构，具有良好的传输水能力，是良好的支撑体选择。因此，将 DCN-4CQA 光热材料负载于纤维素纸上，制作了基于喹吖啶酮的太阳能蒸发体。且为了最大限度地减少热传导损失，还通过折纸方法设计了具有 3D 结构的蒸发体取代了传统 2D 蒸发体，并进行了模拟海水淡化实验，评估了太阳能蒸发体的海水淡化能力。

4.8.1 蒸发体制备方法

图 4-19 是以纤维素纸为支撑的喹吖啶酮基太阳能蒸发体（DCN-4CQA@Paper）制备过程。裁剪一个半径为 1cm 的圆形纤维素纸，将 5mg DCN-4CQA 粉末溶解于 1mL 二氯甲烷溶液中，用滴管一滴一滴地滴在面积为 πcm^2 的圆形纤维素纸上，为了保证材料负载均匀，应缓慢操作，并反复润洗，最终制得负载 5mg 材料的 DCN-4CQA@Paper。

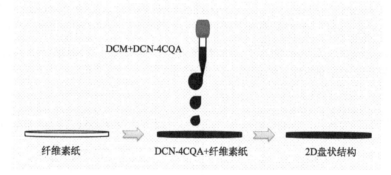

图 4-19　DCN-4CQA@Paper 的制备过程

为了研究其不同面积及空间利用率对蒸发水性能的影响，制作了不同形状的太阳能蒸发体。将扇形半径分别为 1.5cm 和 4.5cm 的两个纤维素纸通过折纸法制作了不同高度的底面半径为 1cm 的 3D 圆锥结构。与平面蒸发体负载材料的方法相同，用滴管一滴一滴地滴在面积为 4.7cm^2 和 14.1cm^2 的圆锥上，最终制得负载 5mg DCN-4CQA 的 3D 圆锥形太阳能蒸发体（图 4-20）。

4.8.2 太阳能蒸发体形貌表征

为了研究材料的形貌及附着能力，通过扫描电子显微镜，对空白蒸发体和 DCN-4CQA@Paper 进行了微观表征。通过图 4-21 可以看出，空白蒸发体具有明显的纤维纹路，放大观察倍数还能发现其表面有很多孔洞，这说明纤维素纸具有优秀的传输水能力。在相同条件下，将 DCN-4CQA@Paper 与空白蒸发体进行了对比。结果发现，DCN-4CQA@Paper 的表面较粗糙，但依然存在明显的纤维纹路，表明 DCN-4CQA

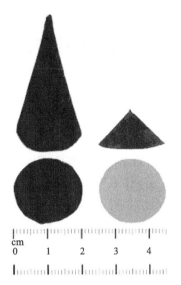

图 4-20 空白纤维素纸及负载 5mg DCN-4CQA 纤维素纸
（r=1cm）的照片

仍具备传输水能力。为了进一步确认材料的附着能力，将空白蒸发体及 DCN-4CQA
@Paper 均放大了 1000 倍进行观察。结果显而易见，附着 DCN-4CQA 材料的纤维素
纸的表面粗糙度更高，说明蒸发体具有良好的牢固性。不仅如此，还发现 DCN-
4CQA 附着在纤维素纸上呈现"雪花状"，表面凸起的形貌增大了光吸收的比表面积，
这可能会促进样品对光的捕获，有利于吸收太阳光进行光热转换。

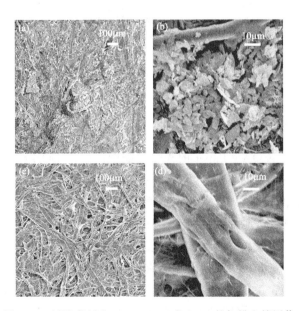

图 4-21 纤维素纸和 DCN-4CQA@Paper 的扫描电镜图像

（a）DCN-4CQA@Paper 放大 60 倍，比例尺＝100μm；（b）DCN-4CQA@Paper 放大 1000 倍，比例尺＝
10μm；（c）纤维素纸放大 66 倍，比例尺＝100μm；（d）纤维素纸放大 1000 倍，比例尺＝10μm

4.9 喹吖啶酮基太阳能蒸发体性能研究及应用

4.9.1 吸收性能

图 4-22 为纤维素纸和 DCN-4CQA@Paper 的吸收光谱。为了研究太阳能蒸发体的吸收性能，测试了空白纤维素纸和 DCN-4CQA@Paper 的紫外-可见-近红外吸收强度。如图 4-22 所示，DCN-4CQA@Paper 的吸收范围在 300～800nm 之间，而空白纤维素纸的吸收强度几乎为零，这不仅表明 DCN-4CQA 成功地提高了纤维素纸的吸收能力，也进一步证明了材料的成功黏附。同时，DCN-4CQA@Paper 的宽光谱吸收范围与粉末态相同，表明其同样具有良好的光吸收能力，在太阳能光热转换领域具有广阔的应用前景。

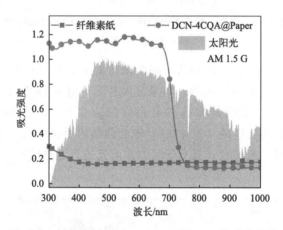

图 4-22　纤维素纸和 DCN-4CQA@Paper 的吸收光谱
灰色区域为太阳辐射光谱

4.9.2 光热性能

图 4-23 为 DCN-4CQA@Paper 的光热性能图。由于 DCN-4CQA@Paper 的良好光吸收能力，接下来研究了光热性能，观察了在模拟太阳光 $100mW \cdot cm^{-2}$ 条件下照射空白纤维素纸和 DCN-4CQA@Paper 的表面温度变化情况。分别将空白纤维素纸和 DCN-4CQA@Paper 放在 $100mW \cdot cm^{-2}$ 模拟太阳光强度下照射 10min，并用红外热像仪记录了表面温度变化，绘制了温度-时间曲线图。其结果如图 4-23(a) 所示，DCN-4CQA@Paper 在 30s 内迅速升温，在 10min 内达到 56.5℃，然而在相同条件下，纤维素纸的平衡温度仅为 37.2℃，与空白纤维素纸相比，其表面温度变化可以忽略不计，这说明 DCN-4CQA@Paper 具备良好的光热转化能力。在热红外图像中，也可以观察到 DCN-4CQA@Paper 对模拟太阳光的快速响应和光热转化能力 [图 4-23(b)]。随后，将 DCN-4CQA@Paper 照射了 18 小时，结果发现 DCN-4CQA@

Paper 的温度依然稳定在约 56℃，这表明其具有良好的光稳定性和抗光漂白性 [图 4-23(c)]。以上实验可以证明，DCN-4CQA@Paper 有利于进行太阳能光热转化，且光热转化的速度快，为接下来进行的蒸发水实验奠定了基础。

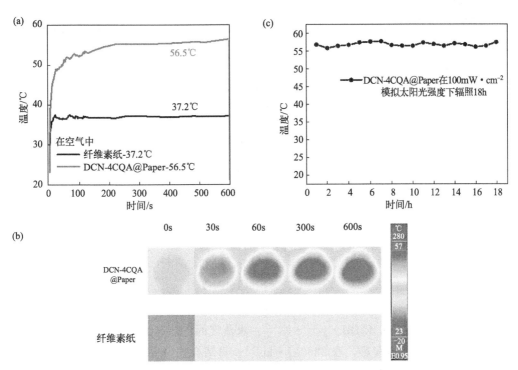

图 4-23　(a) 纤维素纸基蒸发体表面温度的变化情况；(b) 纤维素纸基蒸发体表面温度变化热红外图像；(c) 纤维素纸基蒸发体的光漂白效果图

4.9.3　水蒸发性能

(1) 界面水蒸发的实验装置搭建

图 4-24 是界面水蒸发实验装置示意图。如图 4-24 所示，界面水蒸发的实验装置

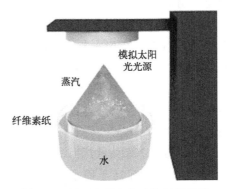

图 4-24　界面水蒸发实验装置示意图

是由模拟太阳光光源、太阳能蒸发体、传输水通道以及大量水体组成。根据支撑体类型及形状的不同，分别制作了 DCN-4CQA@Paper、3D cone-1 和 3D cone-2 三种太阳能蒸发体。将两端无负载材料的纤维素纸作为传输水通道，浸入装满水的 5mL 烧杯中，当负载材料的纤维素纸刚好接触水体时，水蒸发装置便搭建成功。纤维素纸内部的孔洞及纤维纹路通过毛细效应将烧杯里的水运送至顶层表面，从而实现局部界面蒸发的效果。

（2）水蒸发的速率及效率计算公式

由界面水转化为水蒸气的过程可计算出水蒸发的速率和效率。根据参考文献获得蒸发效率 η 的计算方法：

$$\eta = \frac{\dot{m} h_{\text{LV}}}{C_{\text{opt}} P_0} \tag{4-7}$$

式中，$\dot{m}$ 指蒸发速率；h_{LV} 指液体的总相变焓，$h_{\text{LV}} = Q + \Delta h_{\text{vap}}$，$Q$ 是加热过程中从初始温度到最终温度所提供的能量，而 Δh_{vap} 是水的蒸发热；P_0 是 1 个标准太阳光强度，$1 \text{kW} \cdot \text{m}^{-2}$；$C_{\text{opt}}$ 代表光学密度，为 1。

$$Q = C_{\text{liquid}} \times (T - T_0) \tag{4-8}$$

$$\Delta h_{\text{vap}} = Q_1 + \Delta h_{100} + Q_2 \tag{4-9}$$

$$Q_1 = C_{\text{liquid}} \times (100 - T) \tag{4-10}$$

$$Q_2 = C_{\text{vapor}} \times (T - 100) \tag{4-11}$$

液态水的比热容为 $4.18 \text{J} \cdot \text{g}^{-1} \cdot \text{℃}^{-1}$。水蒸气的比热容为 $1.865 \text{J} \cdot \text{g}^{-1} \cdot \text{℃}^{-1}$。$\Delta h_{100}$ 是 100℃ 的水蒸发热，取 $2260 \text{kJ} \cdot \text{kg}^{-1}$。再结合式(4-8)~式(4-11)，可计算出样品具体的蒸发速率和效率。

（3）DCN-4CQA@Paper 的水蒸发性能

为评估 DCN-4CQA@Paper 的太阳能界面蒸发水能力，在模拟太阳光强度 $100 \text{mW} \cdot \text{cm}^{-2}$、室内温度约为 22℃ 的环境下，进行了蒸发水实验。通过绘制随时间变化的质量损失曲线，并根据式(4-7)计算出材料的蒸发速率和蒸发效率，分析了太阳能蒸发体的水蒸发性能，其结果如图 4-25 所示。纯水和空白纤维素纸的蒸发速率分别为 $0.4369 \text{kg} \cdot \text{m}^{-2} \cdot \text{h}^{-1}$、$0.6169 \text{kg} \cdot \text{m}^{-2} \cdot \text{h}^{-1}$。但使用 DCN-4CQA@Paper 太阳能蒸发体后，其蒸发速率明显有所提高，达到了 $0.9713 \text{kg} \cdot \text{m}^{-2} \cdot \text{h}^{-1}$，对应的蒸发效率为 66.84%。接下来，研究了具有不同散热面积和形状的太阳能蒸发体对蒸发水性能的影响。结果发现，与蒸发面积为 πcm^{-2} 的 DCN-4CQA@Paper 相比，新制作的 3D 锥形蒸发体（3D cone-1，高度=1.12cm，面积=4.71cm²），蒸发速率显著提高（约 $1.16 \text{kg} \cdot \text{m}^{-2} \cdot \text{h}^{-1}$）。随后，制作了更高的 3D 锥形蒸发体（3D cone-2，高度=4.38cm，面积=14.1cm²）进行了蒸发水实验。3D cone-2 可以使蒸发速率和效率都进一步提升，分别达到了 $1.5045 \text{kg} \cdot \text{m}^{-2} \cdot \text{h}^{-1}$ 和 103.25%，且蒸发速率是空白纤维素纸的 2.5 倍。总之，增大蒸发体散热面积并提高其空间利用率，可以灵活地调整蒸汽的产生速度，将更有利于提高界面水蒸发的性能。由于 DCN-4CQA@Paper 的良好水蒸发性能，其将在海水淡化和净水方面具有广泛的应用前景。

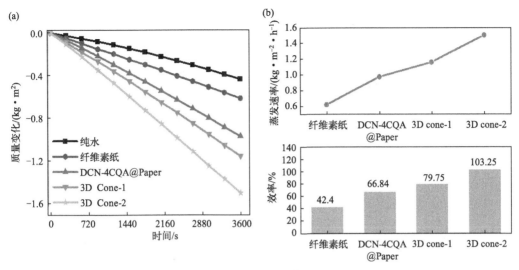

图 4-25　(a) 在模拟太阳光强度 100mW·cm^{-2} 下，纯水、空白纤维素纸和涂有
DCN-4CQA（5mg）纤维素纸的水分蒸发曲线；（b）太阳能蒸发水速率和效率图

4.9.4　海水淡化应用

受前期水蒸发实验结果的鼓舞，从黄海收集了海水，利用 DCN-4CQA@Paper 进行了海水淡化应用。通过对比海水淡化前后的离子浓度变化，分析了 DCN-4CQA @Paper 的海水淡化能力。

根据水蒸发的相同实验步骤进行了海水蒸发的实验。接着，收集海水及蒸发出来的冷凝水，对 4 种主要金属离子（Na$^+$、Mg^{2+}、Ca^{2+}、K$^+$）进行浓度检测。其结果如图 4-26(a) 所示，海水中 Na$^+$ 含量最高（5.1×10^5 mg·L^{-1}），其次是 Mg^{2+}（6.4×10^4 mg·L^{-1}）、K$^+$（7×10^3 mg·L^{-1}）、Ca^{2+}（4.5×10^2 mg·L^{-1}）。经过脱盐后 Na$^+$、Mg^{2+}、Ca^{2+}、K$^+$ 浓度分别降至 15.32、44.57、16.47、2.96mg·

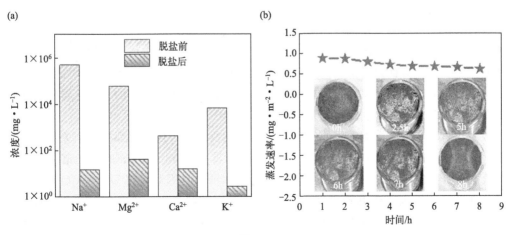

图 4-26

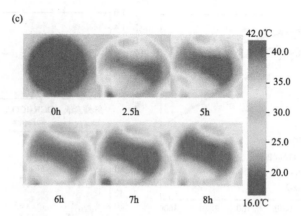

图 4-26　（a）海水淡化前后，Na$^+$、Mg^{2+}、Ca^{2+} 和 K$^+$ 的浓度；（b）海水
淡化的蒸发速率曲线（图示为海水蒸发时盐在表面结晶的照片）；
（c）与照片相对应的热红外图像

L^{-1}。值得注意的是，离子浓度大幅度降低，远低于基于热蒸馏法的海水淡化结果。

随后，进行了长达 8 小时的海水蒸发实验，进一步评估了 DCN-4CQA@Paper 的海水淡化能力。结果如图 4-26(b) 和（c）所示，经过 8 小时脱盐后，材料表面在前 5 小时没有明显的盐析现象，但随着时间的推移，材料表面开始出现明显的盐结晶，其蒸发速率也有所下降。通过红外热像仪观测表面温度变化情况，还发现大部分热量集中在盐晶体中，怀疑这是由光折射所引起。这些结果证实，制备的 DCN-4CQA@Paper 在产生水蒸气方面非常有潜力，这对太阳能海水淡化应用具有独特的意义。

4.10　喹吖啶酮基热电转换器件构筑

太阳能温差发电是可直接利用太阳能的一种途径。通过热电转换器件的塞贝克效应可以将热能直接转化为电能，因此备受科研工作者们的关注，在可穿戴设备和发电领域有广泛的应用。太阳能界面蒸发是直接利用太阳能的另一种途径。而在水蒸发的过程中，还存在不必要的热损失。一方面是太阳能蒸发体对主体水的热传递，这是不可避免的。另一方面是水蒸发的过程中蒸发体产生的多余热量对周围环境的热传递。因此，将太阳能界面蒸发水与温差发电相结合，制备可水电联产的一体化器件将对太阳能有效热管理和协同利用至关重要。

光热材料作为太阳能的吸收器，在光热转换及光电转换方面都有着至关重要的作用。由于喹吖啶酮衍生物光热材料 DCN-4CQA 具有 300～800nm 的宽光谱吸收，将其负载于纤维素纸载体中也表现出良好的蒸发水能力。因此，将 DCN-4CQA 涂覆于温差发电片上构筑了热电转换器件，为小功率用电器供电。将 DCN-4CQA@Paper 与温差发电片结合，构筑了集光-热-水-电于一体的水电一体化器件，将其应用于水电联产领域。

4.10.1 热电转换器件制备方法

如图 4-27 所示，基于 P 型和 N 型热电材料的塞贝克效应，实现了温差发电。两种热电材料结合在一起构成温差发电片，当其在一侧温度较高、一侧温度较低的情况下，将会在电路中产生电流。

如图 4-28 所示，热电转换器件从上至下按照 DCN-4CQA 光热层、商用温差发电片（TE 模块）、硅垫片、紫铜水冷循环箱的顺序安装。其中，DCN-4CQA 光热层是在 TE 模块上表面通过 20mg DCN-4CQA 和少量硅导热胶均匀混合涂抹而成（DCN-4CQA@TE）。在模拟太阳光辐照时，光热层吸热将热量传递至温差发电片上端，而下端经循环水箱冷却，使得 TE 模块上下两端形成温度梯度，从而产生温差电动势。

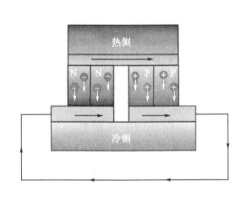

图 4-27　温差发电工作原理示意图

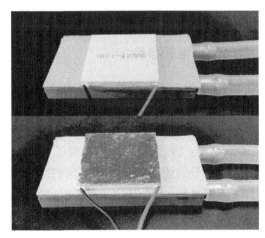

图 4-28　太阳能热电器件的照片
上：空白器件；下：样品器件

4.10.2 水电一体化器件制备方法

（1）太阳能光热层的制备

首先裁剪一个 4cm×7cm 的长方形纤维素纸，再将长为 7cm 的纤维素纸，以两端距离分别为 3cm 进行折叠。接下来，将 5mg DCN-4CQA 溶解于 1mL 二氯甲烷溶液中，用滴管一滴一滴地滴在面积为 16cm^2 的纤维素纸上，为了保证材料负载均匀，应缓慢进行操作，并反复润洗，最终制得负载 5mg DCN-4CQA 的纤维素纸光热层。

（2）水电一体化器件的制备

如图 4-29 所示，首先将负载 DCN-4CQA 材料的纤维素纸覆盖在 TE 模块的上部，同时将两端无负载材料的纤维素纸作为供水通道与水体接触，并使用聚苯乙烯（PS）泡沫框架将 TE 模块固定，恰好使得模块下部浸入水中，从而制备水电一体化器件。

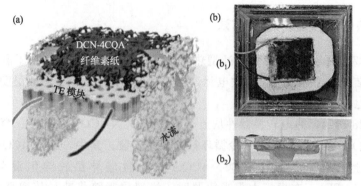

图 4-29 （a）水电联产工作原理示意图；（b）一体化器件照片
[（b₁）俯视图，（b₂）侧视图]

4.11 DCN-4CQA@TE 器件性能研究

4.11.1 热电转换性能

图 4-30 为热电转换器件在不同太阳光强度下的温差变化曲线。由于 TE 模块的发电是由器件上下两端的温差所造成，因此研究了热电转换器件的产热能力。首先，观察了器件在 $100mW \cdot cm^{-2}$ 太阳光照射下的温差变化情况。其结果如图 4-30 所示，DCN-4CQA@TE 两端的温差达到了 4.3℃，而此时空白器件的温差仅有 1.9℃，基本可忽略不计，说明 DCN-4CQA@TE 的产热能力明显优于空白器件。随后，测试了该器件在不同光强（$200mW \cdot cm^{-2}$ 和 $500mW \cdot cm^{-2}$）下的产热能力。结果发现，器件两端的温差在 50s 内可迅速趋于稳定，5min 内分别达到了 7.5 和 10.8℃。这说明该器件有利于进行太阳能光热转化，为接下来的热电转换性能测试提供了良好的基础。

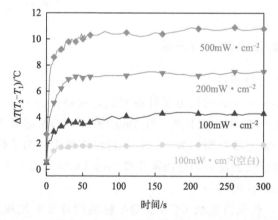

图 4-30 不同太阳光强度下热电器件两侧的温差变化曲线

为研究 DCN-4CQA@TE 器件在温差发电方面的应用，进一步测试了材料的热电转换性能。在模拟太阳光照射的条件下，DCN-4CQA@TE 上端吸收太阳光进行光热转化，TE 模块下端被循环水箱冷却，使得 TE 模块上下两端产生温度梯度，从而形成电势差。根据图 4-30 可知，器件在 100mW·cm^{-2} 照射 5min 后，DCN-4CQA@TE 两端温差达到了 4.3℃。基于塞贝克效应，同步测量了热电转换器件的电压、电流，并计算了最大输出功率。如图 4-31 所示，由温差驱动的热电转换器件，100 mW·cm^{-2} 照射时最大开路电压达到了 91.52mV，输出电流为 6.37mA，获得了 0.58mW 的输出功率。与空白器件的数据相比（开路电压＝34.89mV，输出电流＝2.52mA，输出功率＝0.09mW），DCN-4CQA@TE 具有更优异的热电效应。随后，为了验证不同光强对热电转换性能的影响，分别测试了 DCN-4CQA@TE 在 200 和 500mW·cm^{-2} 下的热电转换行为。如图 4-31 所示，DCN-4CQA@TE 所产生的最大开路电压分别达到了 155.77 和 224.24mV，输出电流分别约为 10.93 和 15.59mA，从而计算出的最大输出功率分别为 1.70 和 3.49mW。由此说明，在强太阳光照射下，DCN-4CQA@TE 可以获得更高的热电转换性能。

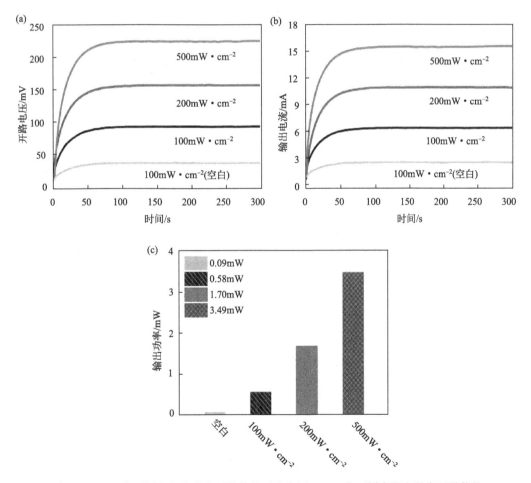

图 4-31 （a）在不同太阳光强度下器件的开路电压；（b）在不同太阳光强度下器件的输出电流；（c）在不同太阳光强度下器件的最大输出功率

图 4-32 是热电转换器件驱动小风扇的示意图，由于 DCN-4CQA@TE 具备优异的热电转换性能，尝试利用热电转换器件驱动小风扇，以更直观的方法验证实时发电的可行性。在 $500\text{mW} \cdot \text{cm}^{-2}$ 照射下，经过预热的 DCN-4CQA@TE 成功驱动了小风扇，其转速大约为 $54\text{r} \cdot \text{min}^{-1}$。为了证明器件具有持续供电能力，对其进行了较长时间的照射，辐照热电转换器件 20min 后小风扇并没有停止，此时的电压和电流依然稳定在 225mV 和 15.85mA。

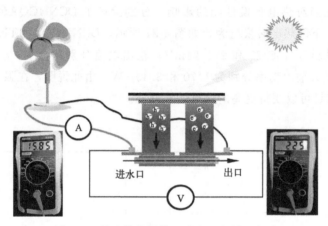

图 4-32　热电转换器件驱动小风扇的示意图

作为对比，还测试了 TE 模块下端无循环水条件下的实验。如图 4-33 所示，在 100、200、$500\text{mW} \cdot \text{cm}^{-2}$ 照射下，与外接循环水实验相比，热电转换器件两侧的温差略微减小（分别为 3.2℃、6.5℃、9.8℃）。因此，导致热电转换器件所输出的电流和开路电压也略微下降（分别为 6.13、10.36、15.16mA 和 88.81、148.95、220.12mV）。说明在温差发电过程中，在循环水流动下进行效果更佳，电压和电流更趋于稳定，热电转换性能更好。结合以上实验，说明 DCN-4CQA@TE 具备良好的热电转换能力，可以有效地进行光热转换和实时发电。

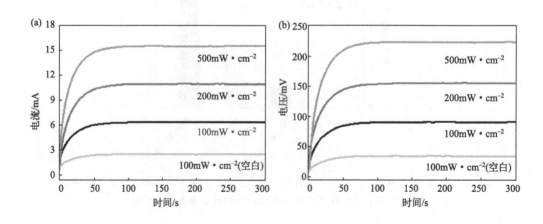

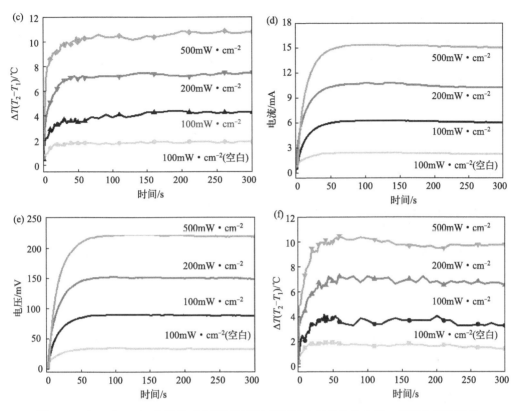

图 4-33　（a）（b）（c）分别为 TE 模块下端连接循环水时的输出电流、开路电压和温差；
（d）（e）（f）分别为 TE 模块下端无循环水时的输出电流、开路电压和温差

4.11.2　稳定性能

测试了热电转换器件的稳定性和耐用性。将 DCN-4CQA@TE 反复暴露在 100、200、500mW·cm^{-2} 下，观察最大开路电压的变化。结果发现，经过 5 个光源开关循环，器件的开路电压依旧可以达到 91、156 和 224mV，具备优异的循环稳定性[图 4-34（a）]。不仅如此，还收集了反复使用 DCN-4CQA@TE 近 6 个月内的开路电

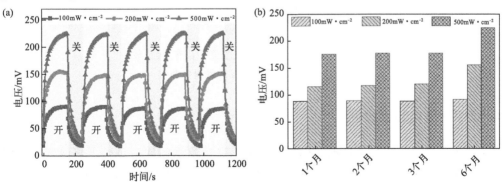

图 4-34　（a）不同太阳光强度下 DCN-4CQA@TE 的稳定性；（b）不同太阳光
强度下 DCN-4CQA@TE 反复使用后的电压变化

压数据。其结果如图 4-34（b）所示，器件的开路电压依旧没有下降趋势，一直保持与第一次测试结果相似的数据。由于实验受环境影响较大，在第 6 个月测试时，开路电压略有上升趋势。由此说明，DCN-4CQA@TE 始终具备优异的循环稳定性和耐用性，更加保证了器件用于实时温差发电的可行性。

4.12 水电一体化器件性能研究

4.12.1 水蒸发性能

将负载 DCN-4CQA 光热材料的纤维素纸与 TE 模块结合制作了水蒸发与温差发电协同耦合的一体化集成器件，实现了真正的余热发电。首先将负载 DCN-4CQA 材料的纤维素纸覆盖在 TE 模块的上部，同时将两端无负载材料的纤维素纸与水体接触，从而达到高效的运输水效果。并且使用聚苯乙烯（PS）泡沫框架将 TE 模块固定，恰好使得模块下部浸入水中。通过太阳光光照负载 DCN-4CQA 材料的纤维素纸，使得 TE 模块上部获得较高温度，而 TE 模块下部被水冷却，从而产生一定温差，实现了水电联产的过程。如图 4-35 所示，负载/无负载 DCN-4CQA 材料的一体化器件，其水蒸发速率分别为 $0.83\text{kg} \cdot \text{m}^{-2} \cdot \text{h}^{-1}$ 和 $0.40\text{kg} \cdot \text{m}^{-2} \cdot \text{h}^{-1}$，最大蒸发效率分别为 57.8% 和 27.8%。样品一体化器件的蒸发速率是空白样品的两倍左右，说明该一体化器件，依旧具备太阳能蒸发水能力。

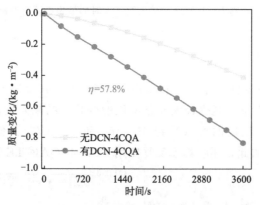

图 4-35 在 1 个标准太阳光强度下，有/无负载
DCN-4CQA 材料的蒸发质量损失曲线

4.12.2 热电转换性能

研究了水电一体化器件的热电转换性能。在蒸发水的同时进行了热电效应的测试。分别测试了一体化器件在不同太阳光强度下的开路电压和输出电流，并算出了对应的最大输出功率，探究了器件的发电能力。其结果如图 4-36（a）所示，在 100、200、$500\text{mW} \cdot \text{cm}^{-2}$ 照射下，一体化器件的上下两端温差分别达到了 4.2、7.4 和

13.8℃。依据塞贝克效应，分别获得了 35.73、75.58 和 105.05mV 的最大开路电压 [图 4-36(b)]。此时，器件的最大输出电流分别达到了 2.73、4.06 和 6.62mA [图 4-36(c)]。所获得的最大输出功率分别为 0.10、0.31、0.69mW [图 4-36(d)]。相比之下，在没有 DCN-4CQA 光热材料负载时，一体化器件两端的温差约为 2.4℃，最大开路电压为 25.7mV。实验表明，该水电一体化器件不仅可以进行蒸发水，还可以利用余热发电，为太阳能余热管理及利用方面提供了新的思路和帮助。

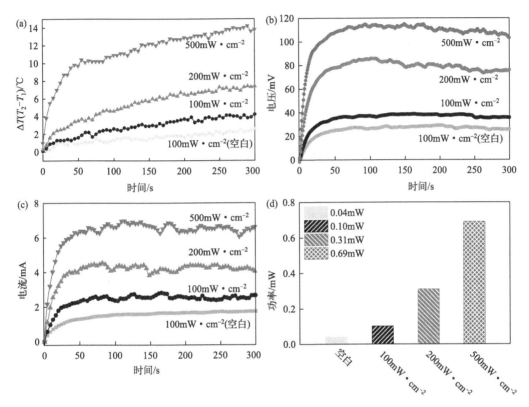

图 4-36　在不同太阳光强度下，一体化器件的热电性能温差变化曲线（a）、
开路电压（b）、输出电流（c）和最大输出功率（d）

4.13　小结

通过一步法将有机光电材料（DBQA）转化为有机光热材料（DCN-4CQA），对喹吖啶酮衍生物（DBQA、DCN-4CQA）的光吸收、光热转化和稳定性等基本性质进行详细表征。将 DCN-4CQA 与纤维素纸结合，构筑有机太阳能蒸发体，研究其水蒸发与海水淡化的能力。将 DCN-4CQA 与温差发电片结合，构筑热电转换器件和水电一体化器件，探讨热电转换性能及余热发电的可行性，其结论如下：

① 通过引入丙二腈合成了有机光热材料 DCN-4CQA。通过研究 DBQA 和 DCN-4CQA 的基本性质，得到了以下结论：a. 与 DBQA 分子相比，DCN-4CQA 分子具有

更宽的吸收范围（300～800nm），更高的摩尔吸光系数（$\varepsilon = 5.9401 \times 10^4$ L·mol^{-1}·cm^{-1}）和光热转换效率（$\eta_{solar} = 18.2\%$；$\eta_{730nm} = 78.5\%$），具有良好的光吸收能力；b. DCN-4CQA 在 1 个标准太阳光强度下，材料表面温度可达 45℃，相较于 DBQA 分子（$T_{max} = 36.9℃$），具有更好的光热转化能力；c. DCN-4CQA 在太阳光和激光的五次加热-冷却循环下，依旧保持最高的表面温度，且在空气氛围的热分解温度为 335℃，具有良好的光/热稳定性。综上，由于 DCN-4CQA 分子的各方面性质均优于 DBQA 分子，因此其更适合作为太阳能光热材料，应用于太阳能海水淡化/发电领域。

② 经过浸渍和折纸法，将 DCN-4CQA 光热材料与纤维素纸结合，构筑了有机太阳能蒸发体。通过探究其水蒸发及海水淡化的能力，得到了以下结论：a. DCN-4CQA@Paper 具有 300～800nm 的宽范围吸收；b. DCN-4CQA@Paper 在 100 mW·cm^{-2} 的太阳光照射下，样品的表面温度稳定在 56.5℃，具有良好的光热转化能力；c. 在 100mW·cm^{-2} 太阳光照射下，DCN-4CQA@Paper 的蒸发速率为 0.9713kg·m^{-2}·h^{-1}，增大散热比表面积和提高空间利用率可使蒸发速率显著提升，最高达到了 1.5045kg·m^{-2}·h^{-1}；d. 使用 DCN-4CQA@Paper 淡化海水后，四种主要金属离子浓度均下降，达到了淡水使用的标准。

③ 将 DCN-4CQA 与温差发电片结合，分别构筑了热电和水电一体化器件。通过研究热电转换性能和余热利用能力，得到了以下结论：a. DCN-4CQA@TE 在 500mW·cm^{-2} 的太阳光照射下，产生了 10.8℃ 的温差，最大开路电压达到了 224.24mV，以 54r·min^{-1} 的转速成功驱动了小风扇；b. 水电一体化器件在 100mW·cm^{-2} 太阳光照射下，其蒸发速率可达 0.83kg·m^{-2}·h^{-1}，最大开路电压达到了 35.73mV，成功实现了水蒸发与温差发电的协同耦合，具备余热发电的能力。

以上结论验证了有机光电材料转化为光热材料应用于太阳能光热领域的可行性，扩大了有机小分子的应用范围。将水蒸发与温差发电相结合，可以达到水电联产的目的，能够进一步提高太阳能利用率，具有商业应用价值。

5

具有分子内运动增强光热效应的
GDPA-QCN的合成及性质研究

5.1　GDPA-QCN 的合成路线及表征

　　以往设计高效利用太阳能的有机材料的主要策略是构建多环 π 共轭结构的化合物，如菁染料、酞菁、卟啉及其衍生物，π 共轭度的增大会产生相对较小的能隙，从而导致吸收光谱红移。然而，化合物的光吸收区域仍然有限，光热转换效率难以大幅提高。这些平面分子通常在溶液中表现出强烈的荧光，即使在固体状态下也会发出明显的荧光。结果表明，强的 π-π 堆积（H 聚集）可以有效地诱导非辐射衰变。然而，这种分子间相互作用很难实现，在大多数情况下，固态分子一般采用随机排列和无定形相，导致非辐射衰变不足。相比之下，大量 D-A 型有机分子由于具有很强的电子推拉效应而具有优异的分子内电荷转移（ICT）特性，可以有效地缩小 HOMO-LU-MO 带隙。因此 D-A 结构分子往往表现出宽的近红外区域的吸收光谱，可以改善产热。这种 D-A 结构的有机光热小分子，在大的空间位阻基团的作用下，分子间作用力被有效隔绝，可以为分子内的运动提供必要的空间，进一步通过非辐射衰减通道产生能量。然而，虽然 D-A 结构分子可以拓宽吸收光谱，但目前还没有合适的分子设计策略来提高光热转换效率。

　　通过调控有机分子的固有性质及其聚集方式可以有效实现固体状态下的分子运动（MM），为分子聚集科学的研究打开了一扇新的窗户。MM 在光吸收时能够促进热膨胀，因此，探索具有足够分子转子或振动子的发色团在这一领域具有重要意义。在此背景下，我们提出了一种通过增加分子的 π 共轭结构促进空间位阻效应来构建高效的具有"伞状"结构的光热转换分子的方法，以减少分子间的相互作用，增强聚集态下从 MM 到热的能量转化。我们的策略基于以下基本思路：①以具有适当平面 π 共轭结构的"伞柄"杂环喹喔啉-6,7-二羧基腈（QCN）和"伞头"大体积树枝状三苯胺（GDPA）分别作为电子受体和电子供体，以苯环作为桥连接受体（A）和供体（D），构建目标分子 GDPA-QCN；②GDPA-QCN 的 D-π-A 共轭框架具有足够的 D-A 分离结构，使得 GDPA-QCN 具有 300～1100nm 的宽的吸收光谱；③GDPA 较大的空间位阻可以显著削弱偶极-偶极相互作用，增强聚合态下的 MM（振动和旋转），提高光热转换效率。在这项研究中，我们提出了通过捕获 D-A 型化合物 GDPA-QCN 的分子内运动来实现水电、热电联产的高效太阳能利用转换热量的结构。

本章对 GDPA-QCN 分子的基本性质以及光热原理进行了实验和理论分析。此外还评估了它的光热性能，以及热力学和电化学的稳定性。实验表明，GDPA-QCN 可在 1 个标准太阳光强度下在 10min 内上升到 56℃。光热转换效率可以达到 19.3%。

5.1.1 合成路线

所有试剂和溶剂均未经进一步净化而直接使用。所有反应均在氮气气氛下采用 Schlenk 技术进行。根据已有文献合成了关键中间体 Br-QCN 和 GDPA-Bpin。如图 5-1 所示。

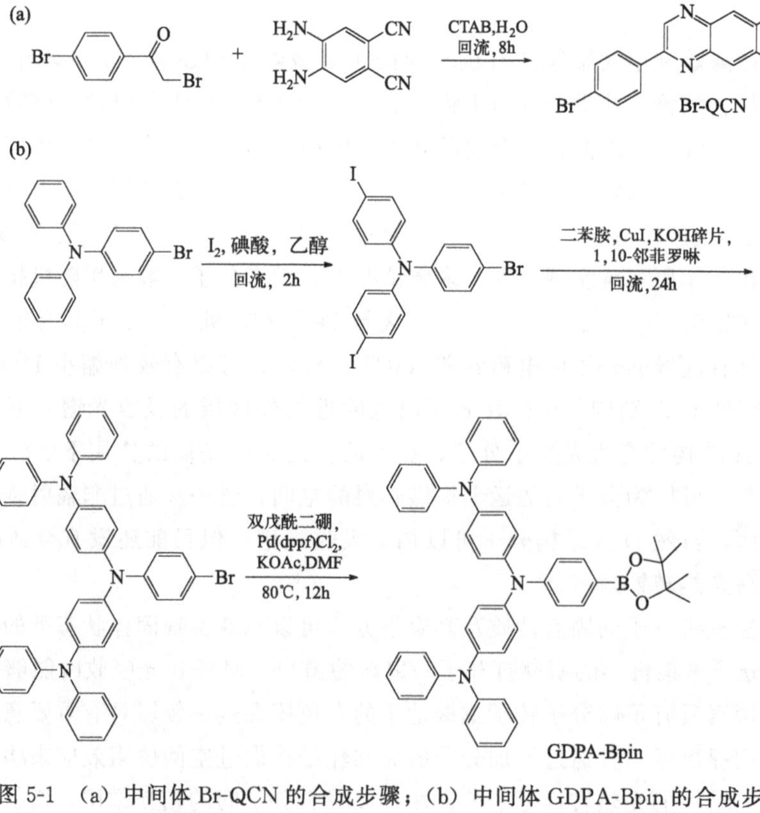

图 5-1 （a）中间体 Br-QCN 的合成步骤；（b）中间体 GDPA-Bpin 的合成步骤

将 Br-QCN（1.0g，3mmol）、GDPA-Bpin（2.54g，3.6mmol）、Pd（PPh$_3$）$_4$（173mg，0.15mmol）、K$_2$CO$_3$（2.07g，15mmol）、四氢呋喃（90mL）和蒸馏水（15mL）的混合物在90℃氮气环境下搅拌12h。混合物冷却至室温后，加入蒸馏水（25mL）进行淬火反应。然后用二氯甲烷提取混合物，结合的有机溶剂在无水硫酸钠上干燥，减压除去。以二氯甲烷为洗脱剂，用柱色谱法纯化残渣，得到深红色固体（1.5g），产率为60%（图5-2）。

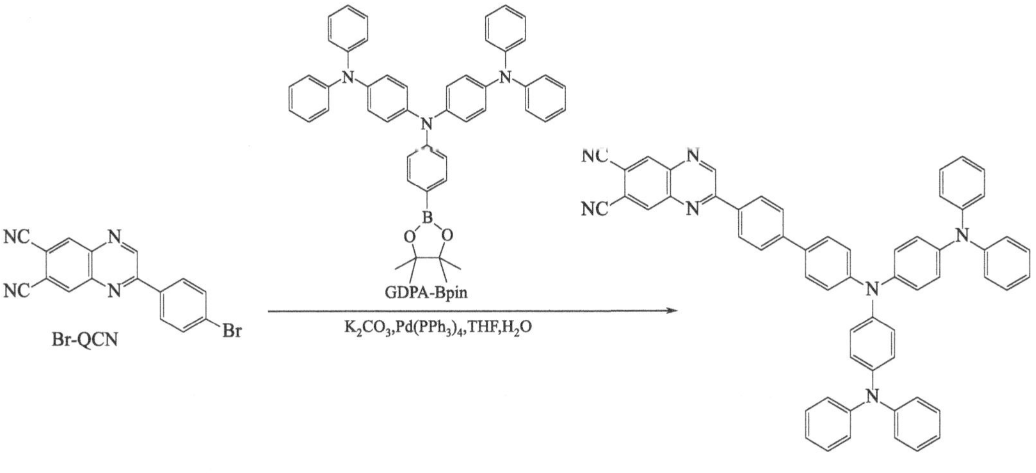

图 5-2　GDPA-QCN 的合成路线

5.1.2　表征

（1）化学结构

^{1}H NMR 谱、质谱和元素分析对 GDPA-QCN 的化学结构进行了充分表征（图5-3，图5-4）。

^{1}H NMR（400MHz，DMSO-d$_6$）：δ9.93（s，1H），9.01（d，$J=9.3$Hz，2H），8.50（d，$J=8.2$Hz，2H），7.93（d，$J=8.2$Hz，2H），7.75（d，$J=8.4$Hz，2H），7.33～7.29（m，8H），7.09（dd，$J=8.8$，1.9Hz，6H），7.03（dd，$J=12.2$，8.1Hz，16H）。

ESI-MS（M）：m/z 833.48[M]$^+$（calcd：833.33）。

元素分析理论值（C$_{58}$H$_{39}$N$_7$）：C 83.53；H 4.71；N 11.76。实际测量值：C 83.64；H 4.92；N 11.61。

（2）热力学稳定性

差示扫描量热（DSC）是在 NETZSCH DSC204 仪器上进行的，加热速率为10K·min^{-1}，氮气气氛下。热重分析（TGA）是在 TA Q500 热重分析仪上进行的，在氮气气氛下以 10K·min^{-1} 的速率从 25℃ 加热到 800℃ 时测量 GDPA-QCN 在这个过程中的质量损失。如图5-5所示，测量结果表明 GDPA-QCN 具有 509℃ 的高分解

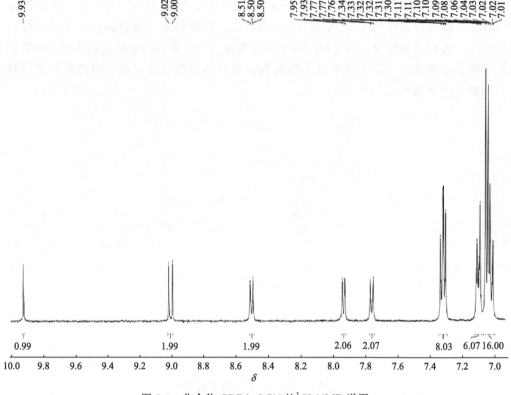

图 5-3　化合物 GDPA-QCN 的 ^{1}H NMR 谱图

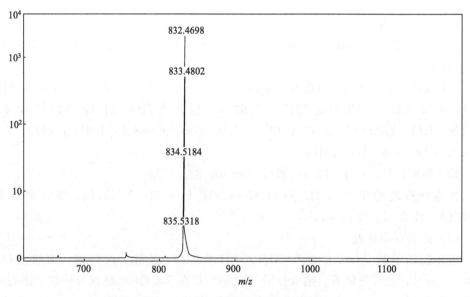

图 5-4　化合物 GDPA-QCN 的质谱图

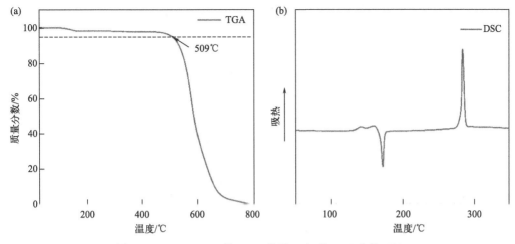

图 5-5　GDPA-QCN 的 TGA 曲线（a）及 DSC 曲线（b）

温度（T_d）（分解 5%），差示扫描量热测量的玻璃化温度（T_g）、结晶温度（T_c）和熔化温度（T_m）分别为 141℃、171℃ 和 283℃。表明该化合物具有极好的热稳定性。

（3）固态晶型

将 GDPA-QCN 未处理状态，以及在 165℃ 下热处理 10 分钟，冷却至室温后的 GDPA-QCN 分别进行粉末 X 射线衍射测试。如图 5-6，测试结果与 DSC 曲线的结果相似，在高温处理后，GDPA-QCN 具有结晶趋势。常温状态下具有无定形结构。

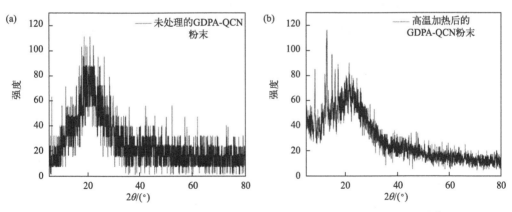

图 5-6　未处理（a）和高温加热后（b）的 GDPA-QCN 粉末的 XRD 图谱

（4）电化学稳定性

采用循环伏安法（CV）测定了 GDPA-QCN 的电化学性能。如图 5-7 所示，在二氯甲烷溶液中观察到的准可逆氧化和还原过程分别归属于 GDPA 单元的氧化和 QCN 单元的还原。估算出 GDPA-QCN 的 HOMO 和 LUMO 能级能量分别为 -4.84 和 -3.33eV，并计算出理想的窄带隙值为 1.51eV，这个带隙值与理论计算的带隙值接近。CV 测量结果表明，该化合物的电化学稳定。

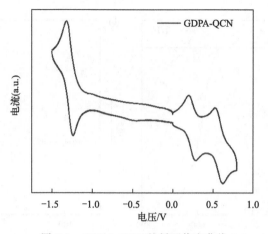

图 5-7 GDPA-QCN 的循环伏安曲线

5.2 GDPA-QCN 太阳光-热转换机制研究

5.2.1 理化性质研究

（1）紫外吸收光谱

如图 5-8 所示，GDPA-QCN 在聚集状态下具有 300～1100nm 的宽的吸收光谱。此外，在聚集状态下，GDPA-QCN 在 365nm 紫外光的照射下显示出非荧光特征。这主要因为"伞头"树枝状三苯胺（GDPA）延长了 π 共轭度，降低了整个分子的刚性。而"伞柄"QCN 具有很强的吸电子功能，并借助 GDPA 的电子供体能力突出了 ICT 效应，有助于宽的太阳光谱的吸收。将 GDPA-QCN 溶于四氢呋喃（THF），配制成浓度为 $20\mu g \cdot mL^{-1}$ 的溶液。GDPA-QCN 在 THF 中较弱的宽吸收带（400～600nm）归因于 ICT 从供体到受体的转变。

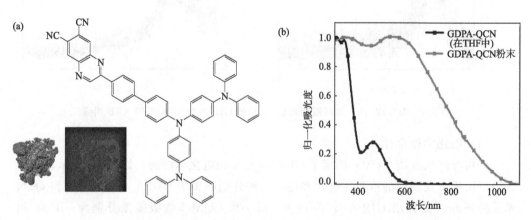

图 5-8 （a）GDPA-QCN 的分子结构以及在阳光下和 365nm 紫外光下的照片；
（b）GDPA-QCN 粉末和在 THF 溶液（$20mg \cdot mL^{-1}$）中的吸收光谱

150

（2）GDPA-QCN 分子内运动

ICT 速率常数随着空间基团长度的增加而增加，GDPA-QCN 分子中较大的 GDPA 基团更有利于 ICT 跃迁。当在 GDPA-QCN 的 THF 溶液中加入不良溶剂水时，所得到的基于 GDPA-QCN 的溶液随着含水量的增加而无荧光发射变化。如图 5-9 所示，GDPA-QCN 在不同含水量 THF 溶液的吸收光谱显示，随着含水量的增加，GDPA-QCN 趋于聚集，吸收光谱呈现加宽和红移趋势。

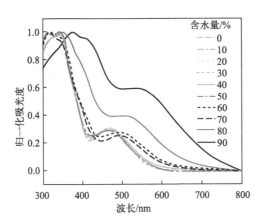

图 5-9　GDPA-QCN 在不同含水量 THF 溶液中的吸收光谱

对于小极性溶剂的 GDPA-QCN 环己烷（CYH）溶液，在 643nm 处捕捉到微弱的发射峰。而在其他溶剂［甲苯（TOL）、乙酸乙酯（EA）和 N,N-二甲基甲酰胺（DMF）］中几乎检测不到发射信号，见图 5-10(a)。结果表明，非极性溶剂可能通过限制 GDPA-QCN 的构象转变而使其电荷分离状态不稳定，从而削弱了 GDPA-QCN 的分子内旋转，导致荧光较弱。如图 5-10(b) 和 (c) 所示，室温下，GDPA-QCN 在 TOL、EA 和 DMF 溶液中不发射，但在液氮（77K）中观察到发光现象，在液氮冷冻的溶液基质中，分子振动和旋转受到显著限制，辐射衰变占主导地位。

此外，将 GDPA-QCN 以低浓度（0.25%，质量比 1:400）掺杂到聚甲基丙烯酸酯（PMMA）中形成塑料薄膜，在紫外光激发下表现出强烈的荧光，见图 5-10(d)。在 PMMA 薄膜中，PMMA 分子嵌入至 GDPA-QCN 分子之间，将分子 GDPA-QCN 的内部运动有效地抑制，从而产生荧光发射。这与之前图 5-10(b) 和 (c) 溶液液氮处理后的结果相似，都是通过外在环境来约束分子 GDPA-QCN 的内部运动，进而在宏观现象中发生辐射衰变现象产生荧光发射。

这些结果反向证明了该分子的内部运动对于非辐射衰变的影响。从而也为这类光热分子转向发光分子的设计提供了灵感，设想这类通过分子内运动进而产生光热转换能力的分子可以通过基团的修饰或者外在的柔性链分子掺杂实现发光，这是与过往的聚集诱导发光（AIE）分子不同的，并且可以通过不同的环境修饰就可以使得一种分子在不同环境中发出的荧光颜色不同，这对未来的发光科学的发展也有一定的指引作用。

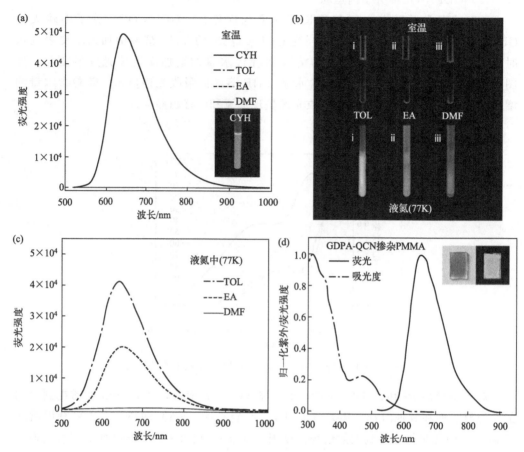

图 5-10 （a）GDPA-QCN 在不同溶剂中的荧光光谱；（b）在室温（297K）和液氮（77K）下，
GDPA-QCN 在 TOL、EA 和 DMF 溶液中的发光情况；（c）液氮环境下的荧光光谱；
（d）GDPA-QCN 掺杂 PMMA 薄膜的吸收光谱和荧光光谱

5.2.2　理论计算研究

（1）GDPA-QCN 密度泛函理论

为了确定 GDPA-QCN 在 S_0 和 S_1 状态下的几何结构和电子结构，采用密度泛函理论（DFT）和时变密度泛函理论（TD-DFT）方法，将 BMK 泛函与 6-31g（d）相结合。所有计算均采用 Gaussian 09 程序包进行。优化后的 S_0 几何结构表明，基态 GDPA-QCN 分子具有强烈的扭曲构象，见图 5-11(a)，这反映在其受体单元与苯环之间的二面角较大。扭曲的构象和相对非刚性的分子结构往往有利于非晶相的形成。优化后的分子结构和前沿分子轨道如图 5-11(b) 所示。GDPA-QCN 的 LUMO 主要定位在受体核心 QCN，而 HOMO 分布在供体核心 GDPA。根据理论计算，该化合物的 HOMO 和 LUMO 能级能量分别为 −4.69eV 和 −2.91eV，得到了 1.78eV 的带隙。分子的 HOMO 和 LUMO 轨道表现出明显的空间分离，有利于 ICT 态的形成。

值得注意的是，GDPA-QCN 分子内的二面角由于大的空间位阻基团，可以促进分子内运动。为了更全面地理解，我们计算了化合物的偶极矩，基态偶极矩为 2.5398×10^{-30} C·m，激发态偶极矩为 28.4631×10^{-30} C·m。激发态的偶极矩较大，与基态相比有明显的变化，符合 GDPA-QCN 存在强 ICT 态。这样强的 ICT 态可以使得光谱红移，有效拓宽吸收光谱。

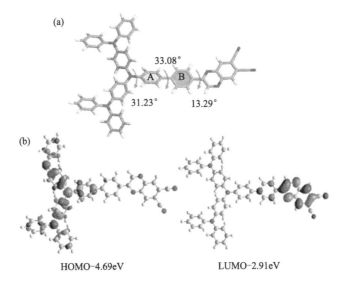

图 5-11　(a) 优化的 GDPA-QCN S_0 几何形状；(b) 计算 GDPA-QCN 的 LUMO 和 HOMO 能量

（2）GDPA-QCN 重组能计算

S_0 和 S_1 之间的几何畸变和振动耦合与非辐射衰变过程密切相关。因此，我们利用 DUSHIN 程序计算了 GDPA-QCN 的总重组能（λ），λ 的定义如下：

$$\lambda = \sum_k \hbar \omega_k HR_k \tag{5-1}$$

$$HR_k = \frac{\omega_k D_k^2}{2} \tag{5-2}$$

式中，ω_k 表示振动频率；HR_k 是 Huang-Rhys 因子；D_k 是模式 k 的法向坐标位移。频率的贡献越大，相应的结构变化就越大，并引起更强的振动。

其中大部分来源于与二面角相关的低频分量，见图 5-12(a)。其中化学键拉伸、化学键角和二面角对 λ 的贡献分别为 1.79%、3.77% 和 94.44%，见图 5-12(b)。化学键拉伸和化学键角对重组能的贡献可以忽略不计。

由二面角变化引起的高频振动是 GDPA-QCN 分子激发态非辐射衰变过程的重要因素。此外，GDPA-QCN 的低频二面角的转动十分强烈且难以抑制，因此从优化的基态和激发态能量最低的 S_0 和 S_1 几何结构来看，从激发态到基态的构象变化明显。特别是，低频二面角旋转大多归因于"伞头"GDPA，见图 5-12(c)。总之，引入较大的空间位阻，增加给体与受体之间的距离，抑制电子共轭，可以促进分子内键的旋转。

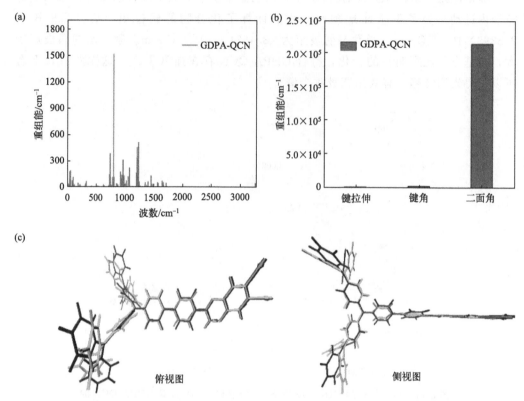

图 5-12 （a）计算不同波数下 GDPA-QCN 的重组能；（b）键拉伸、键角和二面角
在总重组能中的分布；（c）GDPA-QCN 优化后的 S_0（深色）和 S_1（灰色）
几何形状的俯视图和侧视图重叠图

（3）GDPA-QCN 分子动力学模拟

进一步对单个 GDPA-QCN 分子及其聚集状态进行了分子动力学（MD）模拟。对簇合物和单体进行分子动力学模拟，观察其结构变化。首先，将 50 个分子封装在一个周期性盒子中以构建团簇。随后，通过在 298K 和大气压下进行 100ps 的 NPT MD 模拟，然后以 1fs 的时间步长进行 5 ns 的 NVT MD 模拟，来平衡团簇系统。使用 Berendsen 气压计模拟集群系统，以保持 0.0001GPa 的压力，衰减常数为 0.1ps，持续 100ps。使用 Berendsen 恒温器将温度设置为 298K。所有 MD 模拟均使用带有 COMPASSII 力场的 Forcite 代码进行。将 Ewald 方案和基于原子的截止方法分别用于处理静电和范德华相互作用。以苯环 A 和苯环 B 之间的临界二面角［见图 5-13（a）］作为分子动力学模拟时间的函数，记录了相应的二面角分布。发现单体的二面角广泛分布在 -180°~180° 之间，聚集态时相应的二面角主要分布在 -55°~83° 之间。结果表明，尽管大量分子在聚集状态下运动受限，但分子的旋转行为仍然活跃，见图 5-13（a）。为了更直观地理解，我们从生产模拟中选择了一张合适的照片来显示固态 GDPA-QCN 分子的积累模式。如图 5-13（b）所示，GDPA-QCN 聚集状态呈现非晶态特征。分子的这种随机堆叠特性为分子的运动提供了足够的空间，使分子具有较强

的光热转换特性。为了进一步确定 GDPA-QCN 中相关基团的移动速度，采用饱和恢复法测定了 GDPA-QCN 中苯环[13]C 的弛豫时间。事实上，GDPA-QCN 的弛豫时间短至 4.306s，这表明 GDPA-QCN 在固体状态下具有快速的分子内运动。

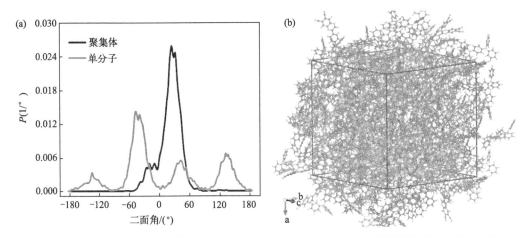

图 5-13　(a) 单分子与聚集体的代表性二面角分布；(b) 分子动力学模拟得到的聚集态快照

5.3　GDPA-QCN 光热特性研究

(1) 太阳光下 GDPA-QCN 升温性质研究

为了评估基于 GDPA-QCN 的固体粉末的太阳光热转换性能，使用红外摄像机实时捕捉温度变化。见图 5-14，在 1 个标准太阳光强度下，5mg 的 GDPA-QCN 粉末的温度在十分钟内迅速上升，并且稳定在 56℃，关闭模拟光源后，温度逐渐下降至室温。同时，最高稳定温度与能量功率辐照呈正相关。在 2 个标准太阳光强度下，甚至可以在十分钟内达到 80.5℃。在 1 个标准太阳光强度，五个开关循环下，温度均能达到 56℃左右，证明 GDPA-QCN 具有光热稳定性。这样快速的光热转换能力以及稳定的光热稳定性，可以为新一代光热转换材料提供一种新的想法。

(2) 光热转换效率的计算

GDPA-QCN 粉末具有良好的太阳光光热转换能力。此外，我们进一步评估了 GDPA-QCN 将太阳能转换为热量的效率。将 1mg GDPA-QCN 粉末分散在 1mL 水中，超声混合均匀后，转移至带有保温层的白色小瓶盖中，并用 1 个标准模拟太阳光强度照射溶液，如图 5-15 所示。模拟太阳光照射 20min 后，用热成像摄像机记录溶液温度，能量转换效率（η）计算公式如下：

$$\eta = \frac{Q}{E} = \frac{Q_1 - Q_2}{E} \tag{5-3}$$

式中，Q 为所产生的热量，即 $Q_1 - Q_2$，Q_1 为 GDPA-QCN 在 20min 中产生的热能，Q_2 为纯水产生的热能；E 为入射光的总能量。Q 由溶液辐照期间的热容（C）、密度（ρ）、体积（V）和温差（ΔT）决定；E 由入射光的功率（P）、照射面

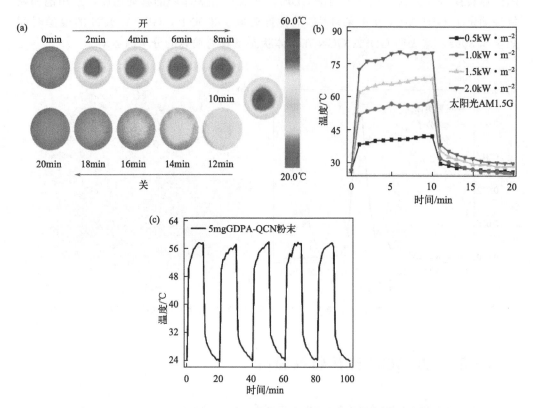

图 5-14 （a）5mg GDPA-QCN 在一个标准太阳光强度下的加热和冷却过程；
（b）不同光强度下 GDPA-QCN 粉末（5.0mg）的光热转换行为；
（c）5mg GDPA-QCN 粉末在五个开关循环中的稳定性

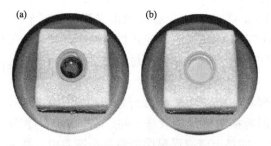

图 5-15　光热转换效率测试图
（a）GDPA-QCN 分散水溶液；（b）水

积（S）和照射时间（t）决定。按照具体公式进行计算：

$$Q_1 = Cm\Delta T_1 = C\rho V\Delta T_1 \tag{5-4}$$

$$Q_2 = Cm\Delta T_2 = C\rho V\Delta T_2 \tag{5-5}$$

$$E = PSt \tag{5-6}$$

由于样品在溶液中含量很低，计算过程中使用蒸馏水的 C 值 4.18J·g^{-1}·$℃^{-1}$

和 ρ 值 1g·cm^{-3}。GDPA-QCN 在辐照过程中表面温度为 42.0℃，初始温度为 18.2℃，ΔT 为 22.8℃。根据上面的公式，得到：

$$Q_1 = C\rho V \Delta T_1 = 4.18 \times 1 \times 1 \times 22.8 = 95.30(\text{J})$$

$$Q_2 = C\rho V \Delta T_2 = 4.18 \times 1 \times 1 \times 11.7 = 48.91(\text{J})$$

$$E = PSt = 0.1 \times 2.0096 \times 1200 = 241.152(\text{J})$$

$$\eta = \frac{Q_1 - Q_2}{E} = \frac{95.30 - 48.91}{241.152} = 19.24\%$$

当样品表面温差为 22.8℃时，GDPA-QCN 能量转换效率为 $\eta = 19.33\%$。

5.4 GDPA-QCN 构筑太阳能光热蒸发层及其性能研究

最早的太阳能驱动的水蒸发技术是将光热材料置于水的底部或者内部，这种蒸发方式在太阳光捕获上有极大的限制，并且伴随着大量的热传导损失，蒸发效率低于 70%。近年来，随着科学的发展，新提出的太阳能驱动的界面水蒸发技术可以极大程度地提高水蒸发效率（90% 左右）。蒸发过程中的能量从太阳能热能转换界面转移到空气-液体界面，这种能量高效转移的方式可以将热量限制在光热蒸发层的表面，减少热量向水体的转移损耗。此外，界面水蒸发方式可以最大限度地减少光热材料的用量，降低实际应用的成本。因此，太阳能驱动的界面水蒸发形式被认为是一种十分有应用价值的和有发展前景的净水技术。

GDPA-QCN 具有 300～1100nm 的宽光谱吸收范围，并且具有相应的热稳定性和电化学稳定性，具有优异的光热转换能力。将 GDPA-QCN 与纤维素纸结合形成界面水蒸发光热层。纤维素纸具有丰富的管状纤维结构，可以通过内部的毛细作用将水源源源不断地输送至界面处，集中加热水分，形成高速蒸发通道，提高蒸发速率。

5.5 GDPA-QCN 纤维素纸的制备

一个高效的太阳能驱动的水蒸发层的构建往往包括以下几个部分：①可以有效和光热材料结合，具有一定的稳定性；②快速的水供应通道；③光吸收利用能力强；④界面水蒸发形式，尽可能减少水蒸发过程中的热损失，提高蒸发效率。

选择薄层纤维素纸与 GDPA-QCN 结合构建界面太阳能水蒸发器。利用纤维素纸优良的毛细管通道作为"微型水泵"可以保证蒸发过程中水的连续供应。此外，丰富的毛细管道可以在吸收光的过程中，在内部进行多次的光反射利用，提高光热转换能力。

纤维素纸为直径是 2cm 的圆形片，厚度可以忽略不计。将适量的 GDPA-QCN 溶解于少量二氯甲烷（DCM）中，超声溶解 10min 后，浸渍到纤维素纸上，自然挥发干燥。实验示意图如图 5-16 所示。

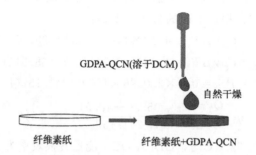

图 5-16　浸渍法制作 GDPA-QCN 光热层的工艺示意图

5.6　GDPA-QCN 纤维素纸基本性能的研究

（1）GDPA-QCN 的负载质量对光热性能的研究

光热材料的负载质量对于光热层的构建同样是很重要的。材料负载量不够则难以达到良好的光热效果；若材料负载量过多，则会导致光热材料的浪费，甚至会降低光热蒸发层的使用寿命。因此将 GDPA-QCN 的负载量从 2.5mg 增加到 7.5mg，探究合理的负载质量来构建光热蒸发层，如图 5-17。

实验采用浸渍方法，得到分别负载 0mg、2.5mg、5.0mg、7.5mg GDPA-QCN 的纤维素纸。GDPA-QCN 纤维素纸的光热稳定温度随着 GDPA-QCN 负载量从

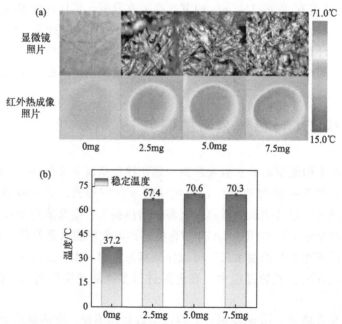

图 5-17　（a）GDPA-QCN 不同负载量（2.5mg、5.0mg、7.5mg）的纤维素纸的显微镜照片和热红外图像；（b）在 1 个标准太阳光强度下，测定了不同负载量的 GDPA-QCN 纤维素纸 10 分钟后的稳定温度

2.5mg 增加到 5.0mg 而增加，从图 5-17(b) 可知，四种负载量的纤维素纸可以分别达到 37.2、67.4、70.6 和 70.3℃。当 GDPA-QCN 负载量进一步增加到 7.5mg 时，其变化可以忽略不计。这是由于材料厚度达到一定水平时，会出现黏附性差或堵塞毛细通道的现象，从而影响光热性能和水分蒸发速率。因此，5.0mg 材料是本研究中较为理想的负载量。纤维素纸的 20 倍显微镜照片的测量表明，随着 GDPA-QCN 负载质量的改变，纤维素纸的显微镜照片有轻微的变化，但负载形式没有明显改变。

（2）GDPA-QCN 纤维素纸微观形貌分析

在采用合适质量（5mg）GDPA-QCN 与纤维素纸构建光热蒸发层后，又进一步利用扫描电镜对空白纤维素纸和 GDPA-QCN 纤维素纸进行微观形貌分析。如图 5-18 所示，扫描电镜图显示 GDPA-QCN 纤维素纸的表面比空白纤维素纸粗糙，且有微小粒子附着表面，表明 GDPA-QCN 分子黏附在纤维素纸表面。

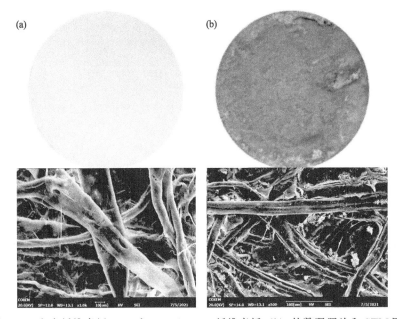

图 5-18　空白纤维素纸（a）和 GDPA-QCN 纤维素纸（b）的数码照片和 SEM 图像

（3）GDPA-QCN 纤维素纸耐用性分析

将浸渍好的 GDPA-QCN 纤维素纸进行外力揉捏，再展开，观察负载材料是否从载体中掉出。如图 5-19 所示，实验结果表明，在小的外力破坏下，GDPA-QCN 纤维素纸表现出一定的稳定性，材料没有从载体中掉出，这归功于纤维素纸本身的柔韧性。

揉捏　　　　展开

图 5-19　对 GDPA-QCN 纤维素进行外力揉捏后再展开的照片

（4）GDPA-QCN 纤维素纸光吸收能力分析

将 GDPA-QCN 纤维素纸和空白纤维素纸分别进行紫外吸收光谱测试，与太阳光吸收光谱进行拟合对比。如图 5-20 所示，GDPA-QCN 纤维素纸在近红外区有吸收峰。在 300～1100nm 宽的光谱上，对太阳光具有良好的吸收能力。而空白纤维素纸的吸收能力很弱，吸收峰的宽度很窄。由此可见，GDPA-QCN 有机小分子与纤维素纸负载后，可以大大提高光吸收范围。这为后续的光热水蒸发系统的搭建提供了新的思路。

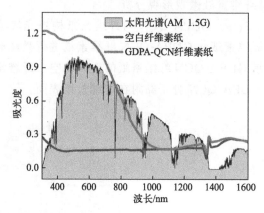

图 5-20 空白纤维素纸和 GDPA-QCN 纤维素纸的吸收光谱及
太阳光谱（AM 1.5 G）

5.7 GDPA-QCN 纤维素纸光热性能研究

在 1 个标准太阳光强度下，测试了 GDPA-QCN 纤维素纸的升温情况。干燥状态下的 GDPA-QCN 纤维素纸可以在稳定后达到 70.6℃。而空白纤维素纸仅能达到 37.2℃。如图 5-21（a）所示，插图显示的是在升温过程中几次时间点（0s，15s，

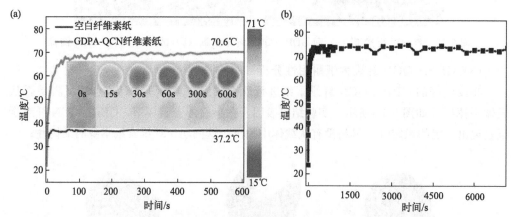

图 5-21 （a）空白纤维素纸和 GDPA-QCN 纤维素纸在 1 个标准太阳光强度下十分钟内的
升温情况（插图为空白纤维素纸和 GDPA-QCN 纤维素纸在照射过程中的热红外图像）；
（b）GDPA-QCN 纤维素纸在 1 个标准太阳光强度下 2 小时内的温度变化

30s，60s，300s，600s）捕捉的热红外图像。可以明显看到负载 GDPA-QCN 材料的纤维素纸表面温度远远高于空白纤维素纸。这归因于 GDPA-QCN 优异的光热转换能力。

我们进一步测试了 GDPA-QCN 纤维素纸的光热稳定性。将 GDPA-QCN 纤维素纸置于 1 个标准太阳光强度下，持续照射 2h，并记录实时温度，绘制温度曲线。如图 5-21(b) 所示，GDPA-QCN 纤维素纸在 2h 内的温度一直很稳定地保持在 70℃左右，说明长时间的光照并不会使 GDPA-QCN 纤维素纸出现光漂白现象，可以持久保持高效光热转换。这表明了 GDPA-QCN 纤维素纸不仅具有高效的光热转换能力，还具有一定的抗光漂白的能力，为未来真实的户外海水淡化提供了新的路径。

5.8　GDPA-QCN 纤维素纸水蒸发性能研究

（1）GDPA-QCN 纤维素纸水蒸发能力

将 GDPA-QCN 纤维素纸的两边余出纸条作为支撑，放在装满水的小烧杯上。使用标准 AM 1.5 G 光谱（CEL-S500）光学滤光器的太阳模拟器照射，用 1 个标准太阳光强度照射纤维素纸。并用分析天平记录水的失重，用热红外成像仪记录蒸发表面的温度，测试装置示意图如图 5-22(a) 所示。

在阳光的照射下，GDPA-QCN 纤维素纸表面发生光热转换产生热量，水从两侧的纤维素纸通道迅速转移至表面，从而加热水，促进水分子的快速逃逸。整个过程趋近于界面水蒸发模式，热量几乎集中在界面处，如图 5-22(b) 插图所示，在蒸发过程中，热量集中在 GDPA-QCN 纤维素纸表面。此外，记录了 GDPA-QCN 纤维素纸和空白纤维素纸在蒸发 1 小时内表面温度的变化。GDPA-QCN 纤维素纸在蒸发 1 小时后表面温度可以达到 40℃，而空白纤维素纸仅仅达到 28℃。

此外，如图 5-22(c) 所示，空白纤维素的蒸发速率为 0.62kg・m^{-2}・h^{-1}，略高于纯水（0.44kg・m^{-2}・h^{-1}），而 GDPA-QCN 纤维素纸 1 个小时内的水蒸发速率为 1.30kg・m^{-2}・h^{-1}。说明 GDPA-QCN 纤维素纸具有优异的光热转换水蒸发性能。计算了 GDPA-QCN 纤维素纸的水蒸发效率，高达 90.4%。实验表明，GDPA-QCN 的负载有效提高了水蒸发效率。

（2）GDPA-QCN 纤维素纸水蒸发效率

光热转换水蒸发过程中太阳能的转换效率计算公式为：

$$\eta = \frac{\dot{m}h_{LV}}{C_{opt}P_0} \tag{5-7}$$

式中，$\dot{m}$ 为水的蒸发速率；h_{LV} 为液体的总相变焓，$h_{LV} = Q + \Delta h_{vap}$，$Q$ 为系统从初始温度加热到最终温度所提供的能量，Δh_{vap} 为水的蒸发潜热；P_0 为 1kW・m^{-2} 的太阳光强度；C_{opt} 为光学密度。

$$Q = C_{liquid} \times (T - T_0) \tag{5-8}$$

$$\Delta h_{vap} = Q_1 + \Delta h_{100} + Q_2 \tag{5-9}$$

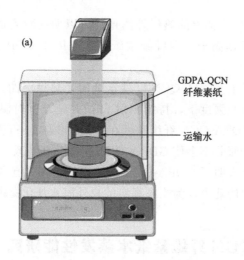

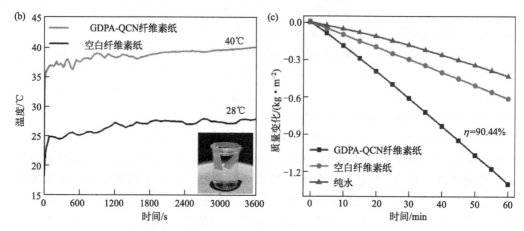

图 5-22 （a）蒸发水装置示意图；（b）1 小时水蒸发过程中的纤维素纸表面温度变化；
（c）1 小时水蒸发过程中水的质量损失曲线

$$Q_1 = C_{\text{liquid}} \times (100 - T) \qquad (5\text{-}10)$$

$$Q_2 = C_{\text{vapor}} \times (T - 100) \qquad (5\text{-}11)$$

液态水的比热容为 $4.18\text{J} \cdot \text{g}^{-1} \cdot {}^{\circ}\text{C}^{-1}$。水蒸气的比热容为 $1.865\text{J} \cdot \text{g}^{-1} \cdot {}^{\circ}\text{C}^{-1}$。$\Delta h_{100}$ 为水在 100℃ 的汽化潜热，为 $2260\text{kJ} \cdot \text{kg}^{-1}$。在蒸发过程中，GDPA-QCN 纤维素纸的表面温度为 40.0℃，因此 T 为 40.0℃。按照以上公式计算：

$$Q = C_{\text{liquid}} \times (T - T_0) = 4.18 \times (40.0 - 15.8) = 101.156(\text{kJ} \cdot \text{kg}^{-1})$$

$$\Delta h_{\text{vap}} = Q_1 + \Delta h_{100} + Q_2 = 4.18 \times (100 - 40.0) + 2260 + 1.865 \times (40.0 - 100)$$

$$= 2398.9(\text{kJ} \cdot \text{kg}^{-1})$$

$$h_{\text{LV}} = Q + \Delta h_{\text{vap}} = 101.156 + 2398.9 = 2500.056(\text{kJ} \cdot \text{kg}^{-1})$$

$$\dot{m} = 1.30223\text{kg} \cdot \text{m}^{-2} \cdot \text{h}^{-1}$$

$$P_0 = 1000\text{W} \cdot \text{m}^{-2}$$

$$C_{\text{opt}} = 1$$

$$\eta = \dot{m} h_{LV} / C_{opt} P_0 = 90.43\%$$

计算结果表明，以 40.0℃ 的蒸发潜热（2500.056kJ·kg^{-1}）计算时，蒸发效率为 90.43%。

（3）GDPA-QCN 纤维素纸水蒸发过程热损失计算

在太阳能驱动的水蒸发实验中，要想获得高效的水蒸发速率，要考虑到热量损失问题。在传统的太阳能水蒸发系统中，热量损失主要分为三个路径：热传导、热辐射、热对流。

为减少这三种路径的热损失，我们采用的界面水蒸发形式，使得热量大部分集中于气-液两相之间，对水分子进行集中加热，增强水分子从孔隙中逃逸。但仍然存在一部分的热损失。本文通过以下公式，计算水蒸发过程中的热量损失。

① 热传导损失 η_{cond} 的计算。GDPA-QCN 纤维素纸对水的传导热流计算公式为：

$$P_{cond} = \frac{Cm\Delta T}{At} = \frac{4.18 \times 5 \times 1.7}{0.000314 \times 1800} = 63(\text{W} \cdot \text{m}^{-2})$$

$$\eta_{cond} = \frac{P_{cond}}{P_{in}} = \frac{63}{1000} = 6.3\%$$

式中，C 为液态水比热容（4.18J·g^{-1}·℃$^{-1}$）；t 为辐照时间（1800s）；m 为水的质量（约 5g）；ΔT 为水在 30min 内的温度升高值；A 为投影面积（0.000314m^2）；P_{in} 为入射光功率密度（1000W·m^{-2}）。

② 热辐射损失 η_{rad} 的计算。辐射损失基于 Stefan-Boltzmann 定律按以下公式计算：

$$P_{rad} = \varepsilon\sigma(T_2^4 - T_1^4) = 0.911 \times 5.67 \times 10^{-8} \times (306.25^4 - 304.25^4) = 12(\text{W} \cdot \text{m}^{-2})$$

$$\eta_{rad} = \frac{P_{rad}}{P_{in}} = \frac{12}{1000} = 1.2\%$$

式中，ε 为发射率（0.911）；σ 为 Stefan-Boltzmann 常数，数值为 5.67×10^{-8}W·m^{-2}·K^{-4}；T_2 为 GDPA-QCN 纤维素纸蒸发层表面的温度（306.25K）；T_1 为蒸发层邻近环境的温度（304.25K）。可由吸收光谱和普朗克公式计算得出。

③ 热对流损失 η_{conv} 的计算。热对流损失可根据牛顿冷却定律计算：

$$P_{conv} = h(T_2 - T_1) = 5 \times (306.25 - 304.25) = 10(\text{W} \cdot \text{m}^{-2})$$

$$\eta_{conv} = \frac{P_{conv}}{P_{in}} = \frac{10}{1000} = 1\%$$

式中，P_{conv} 为 GDPA-QCN 纤维素纸对水的对流热通量，其中 h 为传热系数，约为 5W·m^{-2}·K^{-1}；T_2 为 GDPA-QCN 纤维素纸表面温度（306.25K）；T_1 为蒸发层邻近环境温度（304.25K）；P_{in} 为入射光功率密度，为 1000W·m^{-2}。

5.9 GDPA-QCN 纤维素纸真实海水淡化研究

考虑到 GDPA-QCN 纤维素纸用于户外真实的海水淡化的可行性，我们从黄海采集海水样本用于模拟实际海水淡化过程。将 GDPA-QCN 纤维素纸蒸发器中的蒸馏水替换成海水（黄海海水），在一个标准太阳光强度下，收集蒸发后的水蒸气。利用电感耦合等离子体光谱仪（ICP-OES、Avio 200）测定海水淡化前后存在的 4 种主要离子（Na^+、Mg^{2+}、Ca^{2+}、K^+）的浓度。

如图 5-23 所示，黄海海水样本中四种主要离子（Na^+、Mg^{2+}、Ca^{2+}、K^+）浓度分别为 $2.28 \times 10^4 mg \cdot L^{-1}$、$1.04 \times 10^4 mg \cdot L^{-1}$、$2.33 \times 10^3 mg \cdot L^{-1}$、$1.38 \times 10^3 mg \cdot L^{-1}$。经过海水淡化实验后四种金属离子（$Na^+$、$Mg^{2+}$、$Ca^{2+}$、$K^+$）浓度分别为 $7.01 mg \cdot L^{-1}$、$4.00 mg \cdot L^{-1}$、$3.48 mg \cdot L^{-1}$、$2.17 mg \cdot L^{-1}$。该实验表明，GDPA-QCN 纤维素纸这种纤维结构的太阳能光热蒸发层在真实的户外海水淡化应用上具有潜在价值。

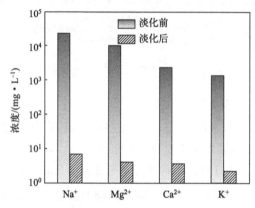

图 5-23　淡化前后黄海海水中 Na^+、Mg^{2+}、Ca^{2+}、K^+ 四种
主要离子浓度的测定（室温大约为 20℃）

5.10　GDPA-QCN 构筑热电转换系统及其性能研究

GDPA-QCN 纤维素纸的高效持续蒸发水的性能已经被证实，然而，如何充分优化热管理以提高太阳能转化为其他资源的利用率仍然是一个巨大的挑战。

太阳能蒸发层往往会与蒸发水体之间形成几乎稳定的温差，这给我们进一步利用材料的光热性能提供了灵感。研究人员在热电材料领域付出了巨大的努力。温差发电是基于塞贝克效应的一种发电技术，是指两种不同导体或半导体的温度差异而引起两种物质间的电压差的热电现象。我们依靠蒸发层与水体之间的温度差进一步设计了集光-热-电性能于一体的多功能装置，可以实现净水的同时获得电能。

GDPA-QCN 有机光热小分子的高效光热转换能力以及产生光热转换的原理已经得到了充分的说明，GDPA-QCN 与纤维素纸结合形成的水蒸发层也具有优异的水蒸发能力。基于以上对 GDPA-QCN 光热小分子的研究，我们将 GDPA-QCN 纤维素纸与热电器件结合，构建太阳光驱动的水电联产体系。这项工作为太阳能蒸发生产清洁的水和电的协同作用提供了有效的途径。

5.10.1 GDPA-QCN 热电器件的制备

将 20mg GDPA-QCN 粉末与少量二氯甲烷溶剂混合，添加少量导热硅脂，均匀涂抹至热电器件表面（热电器件型号为 TEC1-12706，40mm×40mm×3.6mm）。二氯甲烷自然挥发后，粉末会紧密贴合在器件表面。将制好的 GDPA-QCN 热电器件用导热片与循环水箱紧密相连，采用模拟太阳光源进行照射发电，空白热电器件作为实验对照组。器件照片如图 5-24 所示，实验器件中的电流数据都是通过 Keithley 6514 设备来进行测试的。

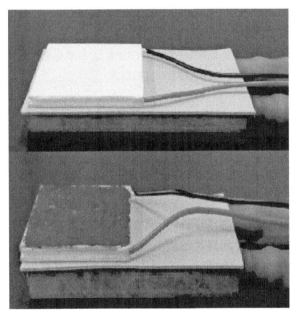

图 5-24　空白热电器件和 GDPA-QCN 热电器件的照片
顶部：无涂层的热电器件；底部：涂 GDPA-QCN 的热电器件

5.10.2 冷热端温度

将制作完成的 GDPA-QCN 热电器件和空白热电器件放置于模拟太阳光下，控制循环水箱的水龙头流速不变，进行测试。

采用热红外相机实时监测热电器件表面温度和循环水箱表面温度。二者的温度差就会在热电器件中形成塞贝克效应产生定向电流，器件进行发电。在不同光照条件下记录整个器件的冷热端温度。如图 5-25 所示，两端温度差随着光照强度的增大而逐渐增大，这主要是因为 GDPA-QCN 在不同光照强度下产生的温度不同，而循环水的温度几乎不变。当模拟太阳光强度为 1.0、2.0 和 5.0kW·m^{-2} 时，热电模块两侧温差分别为 2.8℃、7.6℃ 和 8.7℃，而在黑暗条件下，热电器件两端的温差几乎为

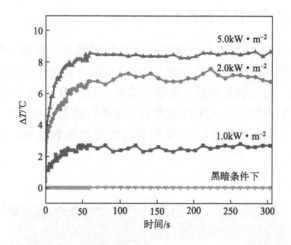

图 5-25　不同太阳光强度下，GDPA-QCN 热电器件表面
与循环水的温差

0℃。产生的温度差会进一步诱导热电器件内部的电子定向转移，并通过 Keithley
6514 设备来导出输出电压。

5.10.3　开路电压

使用 Keithley 6514 设备测试了在不同太阳光强度下产生的电压，绘制时间与电
压的曲线。如图 5-26 所示，此器件在自然光下只会产生微小的电压，来源于环境与
循环水的温度差。在 1、2、5kW·m^{-2} 太阳光强度下，可以在 3 分钟左右得到稳定
的电压，分别为 124mV、186mV 以及 221mV。甚至在强光强下可以驱动微型小风扇
快速转动。

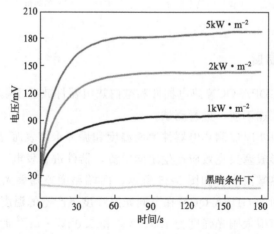

图 5-26　GDPA-QCN 热电器件的热电转换能力

5.10.4 器件稳定性

在光照情况下，GDPA-QCN 热电器件会在一段时间后达到稳定状态。为了进一步验证 GDPA-QCN 热电器件的热电稳定性，我们进行了三次光照开关循环。

如图 5-27 所示，在 1、2、5kW·m^{-2} 三次循环照射下仍然可以分别产生大约 124mV、186mV 以及 221mV 的电压。由此可以证明 GDPA-QCN 这类光热材料可以与热电器件结合，在有优秀的光热转换能力的同时，还具有相应的稳定性。

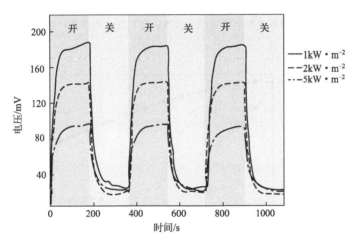

图 5-27　GDPA-QCN 热电器件在三次开关过程中的热电稳定性

5.11　GDPA-QCN 纤维素纸水电联产装置的制备及性能研究

GDPA-QCN 粉末与热电器件的成功结合可以有效产生开路电压。为了使能源获得最大化，我们设计了一种可以同时收集淡水和电能的一体化器件。以 GDPA-QCN 纤维素纸作为热转换层，聚苯乙烯（PS）泡沫作为漂浮框架来承载器件。热电器件的底端浸入水中，如图 5-28(a) 所示。采用热红外相机记录 GDPA-QCN 纤维素纸和底部水体温度，电子天平记录一体化过程中的水的质量损失，热电器件的电压由 Keithley 6514 设备记录。实际装置如图 5-28(b) 所示。

（1）水蒸发性能研究

实验是在 22℃ 的室温条件下进行的。制备的 GDPA-QCN 纤维素纸紧紧贴附在热电器件表面，纤维素纸延伸到水中的部分充当微型水泵，可以源源不断地将水分运输到蒸发层上。空白纤维素纸作为空白对比实验。

水的质量损失随时间的变化关系如图 5-29 所示，空白纤维素纸在一体化器件中的蒸发速率为 0.35kg·m^{-2}·h^{-1}，而 GDPA-QCN 纤维素纸的蒸发速率（0.94 kg·m^{-2}·h^{-1}）远远高于空白纤维素纸。进一步计算了 GDPA-QCN 纤维素纸在一体化器件中的蒸发效率为 64.7%。

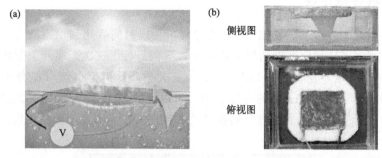

图 5-28 (a) 协同发电和水蒸发的示意图；(b) 发电和蒸汽产生装置的照片

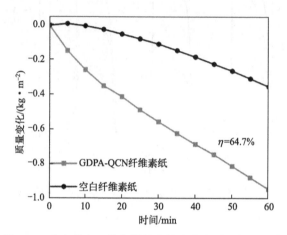

图 5-29 水电联产一体化器件中的水蒸发质量损失曲线

（2）热电性能研究

在 1、2、5kW·m^{-2} 太阳光强度的照射下，记录纤维素纸表面与水之间的温度差，同时使用 Keithley 6514 设备实时记录开路电压数据。

如图 5-30(a) 所示，冷热两端的温度差随着太阳光光照强度的增大而增大，在 1kW·m^{-2} 下的温差为 5.0℃，在 5kW·m^{-2} 下温差可以达到 17.8℃。冷热两端稳定的温度如图 5-30(b) 所示，随着光照强度的增加，水体温度的上升不明显，主要是热端 GDPA-QCN 受光照强度的影响较大。而在实际的户外水电联产的设想下，如果冷端水源的面积足够大，冷端水源的温度变化会更加微小。

在光照条件下产生的温差引起了热电器件中电子的定向转移。在 1kW·m^{-2} 太阳光强度下的输出电压为 56mV，随着光强的增加，在 2kW·m^{-2} 下可以达到 107mV，5kW·m^{-2} 下达到 173mV，见图 5-30(c)。由此，GDPA-QCN 纤维素纸在蒸发水的同时可以实现电能的产生。

通过热电器件的引进，在实现水蒸发的同时，可以进一步利用产生的热量产生电能。这样的水电一体化联产的器件可以为未来海水淡化和发电提供可行性参考。

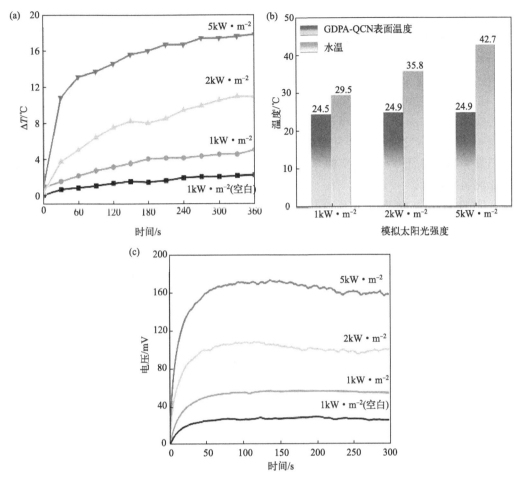

图 5-30　（a）不同太阳光强度下 GDPA-QCN 纤维素纸表面与水的温差曲线
（ΔT 是 GDPA-QCN 纤维素纸表面温度减去水温度）；（b）不同太阳光强度下
光热材料与水照射 5min 后冷热两端温度；（c）不同太阳光强度下的输出电压

5.12　小结

本部分开展的工作主要包括下述三个方面：

① 开发了一种"伞状"D-A 共轭结构的光热有机小分子 GDPA-QCN。D-A 型有机分子由于具有很强的电子推拉效应而具有优异的 ICT 特性，可以有效地缩小 HO-MO-LUMO 带隙。树枝状三苯胺 GDPA 具有较大的 π 共轭效应和空间位阻效应。采用吸电子能力强的杂环 QCN 作为"伞柄"受体。GDPA 与 QCN 的结合导致了 ICT 特性的产生，同时，大的空间位阻基团在分子聚集状态下在分子间进行了有效的空间隔离，为促进分子内的自由运动提供了必要的空间。在聚集态时，GDPA-QCN 具有 300～1100nm 的宽吸收光谱。GDPA-QCN 在模拟太阳光的照射下具有优秀的光热转

换能力,在 1 个标准太阳光强度下的光热转换效率为 19.24%。这类 D-A 型有机光热小分子通过设计分子内运动来实现高效太阳能光热转换的结构构筑方案,为有机光热材料在能量转换领域的应用提供了新的路径。

② 采用薄层纤维素纸作为光热材料负载体,将 GDPA-QCN 充分浸渍在纤维素纸中。这种 GDPA-QCN 纤维素纸具有丰富的毛细管通道,可以实现水分的连续运输。在 1 个标准太阳光强度下,干燥 GDPA-QCN 可以上升到 70.6℃,具有显著的光热转换能力。在水蒸发实验中,持续蒸发 1 小时后,GDPA-QCN 纤维素纸表面温度高达 40℃,水蒸发效率和蒸发速率分别高达 90.4% 和 $1.30 kg \cdot m^{-2} \cdot h^{-1}$;此外,采用真实海水进行海水淡化实验,淡化后的海水中 Na^+、Mg^{2+}、Ca^{2+}、K^+ 浓度比淡化前明显降低。

③ 在 GDPA-QCN 纤维素纸构筑的水蒸发体系中,为了实现高效热能利用率,结合热电器件将 GDPA-QCN 纤维素纸应用于水电一体化体系,在实现水蒸发的同时可以通过温差发电协同产生电能。在 1 个标准太阳光强度下,电压可以达到 56mV,水蒸发速率可达 $0.94 kg \cdot m^{-2} \cdot h^{-1}$。综上所述,基于 GDPA-QCN 纤维素纸构建的水电一体化体系可以在达到较高的水蒸发速率的同时,加大余热的利用,可以为未来水电资源的获得提供新的方案。

参考文献

［1］ Van Vliet M T H，Flörke M，Wada Y．Quality Matters for Water Scarcity[J]．Nature Geoscience，2017，10（11）：800-802．

［2］ 李亚玲．光热复合材料的制备及其太阳能驱动界面水蒸发性能研究[D]．上海：东华大学，2020．

［3］ Manju S，Sagar N．Renewable Energy Integrated Desalination：A Sustainable Solution to Overcome Future Fresh-Water Scarcity in India[J]．Renewable&Sustainable Energy Reviews，2017，73：594-609．

［4］ Meng X M，Wu L F．Prediction of Per Capita Water Consumption for 31 Regions in China[J]．Environmental Science and Pollution Research，2021，28（23）：29253-29264．

［5］ Alkhalidi A，Al-Jraba'ah Y K．Solar Desalination Tower，Novel Design，for Power Generation and Water Distillation Using Steam Only as Working Fluid[J]．Desalination，2021，500：114892．

［6］ Akhatov J S．Desalination of Saline Water with the Use of Res：Demand，Current Situation，Development Trends，Forecasts for the Future（Review）[J]．Applied Solar Energy，2019，55（2）：133-148．

［7］ Alvarez P J J，Chan C K，Elimelech M，et al．Emerging Opportunities for Nanotechnology to Enhance Water Security[J]．Nature Nanotechnology，2018，13（8）：634-641．

［8］ Anis S F，Hashaikeh R，Hilal N．Reverse Osmosis Pretreatment Technologies and Future Trends：A Comprehensive Review[J]．Desalination，2019，452：159-195．

［9］ 许颖．太阳能界面蒸发体的设计及其海水淡化特性的研究[D]．哈尔滨：哈尔滨工业大学，2020．

［10］ Liu Y M，Yu S T，Feng R，et al．A Bioinspired，Reusable，Paper-Based System for High-Performance Large-Scale Evaporation[J]．Advanced Materials，2015，27（17）：2768-2774．

［11］ Bao X，Wu Q L，Shi W X，et al．Polyamidoamine Dendrimer Grafted Forward Osmosis Membrane with Superior Ammonia Selectivity and Robust Antifouling Capacity for Domestic Wastewater Concentration[J]．Water Research，2019，153：1-10．

［12］ Labban O，Chong T H，Lienhard J H．Design and Modeling of Novel Low-Pressure Nanofiltration Hollow Fiber Modules for Water Softening and Desalination Pretreatment[J]．Desalination，2018，439：58-72．

［13］ 宋瀚文，宋达，张辉，等．国内外海水淡化发展现状[J]．膜科学与技术，2021，41（04）：170-176．

［14］ Talebbeydokhti P，Cinocca A，Cipollone R，et al．Analysis and Optimization of Lt-Med System Powered by an Innovative Csp Plant[J]．Desalination，2017，413：223-233．

［15］ Rahimi B，Christ A，Regenauer-Lieb K，et al．A Novel Process for Low Grade Heat Driven Desalination [J]．Desalination，2014，351：202-212．

［16］ 黄璐，欧阳自强，刘辉东，等．新型太阳能海水淡化技术研究进展[J]．水处理技术，2020，46（04）：1-5．

［17］ Ding T，Zhou Y，Ong W L，et al．Hybrid Solar-Driven Interfacial Evaporation Systems：Beyond Water Production Towards High Solar Energy Utilization[J]．Materials Today，2021，42：178-191．

［18］ Zhu L L，Gao M M，Peh C K N，et al．Recent Progress in Solar-Driven Interfacial Water Evaporation：Advanced Designs and Applications[J]．Nano Energy，2019，57：507-518．

［19］ Li X Q，Li J L，Lu J Y，et al．Enhancement of Interfacial Solar Vapor Generation by Environmental Energy[J]．Joule，2018，2（7）：1331-1338．

［20］ Tao F J，Zhang Y L，Yin K，et al．A Plasmonic Interfacial Evaporator for High-Efficiency Solar Vapor Generation[J]．Sustainable Energy&Fuels，2018，2（12）：2762-2769．

［21］ Zhu L L，Gao M M，Peh C K N，et al．Self-Contained Monolithic Carbon Sponges for Solar-Driven Interfacial Water Evaporation Distillation and Electricity Generation[J]．Advanced Energy Materials，2018，8

(16)：1702149.

[22] Li J L，Du M H，Lv G X，et al. Interfacial Solar Steam Generation Enables Fast-Responsive，Energy-Efficient，and Low-Cost Off-Grid Sterilization[J]. Advanced Materials，2018，30（49）：1805159.

[23] 李富兵，樊大磊，王宗礼，等. "双碳"目标下"拉闸限电"引发的中国能源供给的思考[J]. 中国矿业，2021，30（10）：1-6.

[24] Gao M M，Peh C K，Phan H T，et al. Solar Absorber Gel：Solar Absorber Gel：Localized Macro-Nano Heat Channeling for Efficient Plasmonic Au Nanoflowers Photothermic Vaporization and Triboelectric Generation[J]. Advanced Energy Materials，2018，8（25）：1870114.

[25] Li X Q，Min X Z，Li J L，et al. Storage and Recycling of Interfacial Solar Steam Enthalpy[J]. Joule，2018，2（11）：2477-2484.

[26] Wu L，Dong Z，Cai Z，et al. Highly Efficient Three-Dimensional Solar Evaporator for High Salinity Desalination by Localized Crystallization[J]. Nature Communications，2020，11（1）：521.

[27] Dao V D，Vu N H，Yun S N. Recent Advances and Challenges for Solar-Driven Water Evaporation System toward Applications[J]. Nano Energy，2020，68：104324.

[28] Kong M，Li Y，Chen X，et al. Tuning the Relative Concentration Ratio of Bulk Defects to Surface Defects in TiO_2 Nanocrystals Leads to High Photocatalytic Efficiency[J]. Journal of the American Chemical Society，2011，133（41）：16414-16417.

[29] Xue G B，Xu Y，Ding T P，et al. Water-Evaporation-Induced Electricity with Nanostructured Carbon Materials[J]. Nature Nanotechnology，2017，12（4）：317-321.

[30] Gong J L，Li C，Wasielewski M R. Advances in Solar Energy Conversion[J]. Chemical Society Reviews，2019，48（7）：1862-1864.

[31] Rasih R A，Sidik N A C，Samion S. Recent Progress on Concentrating Direct Absorption Solar Collector Using Nanofluids：A Review[J]. Journal of Thermal Analysis and Calorimetry，2019，137（3）：903-922.

[32] Hayat M B，Ali D，Monyake K C，et al. Solar Energy-a Look into Power Generation，Challenges，and a Solar-Powered Future[J]. International Journal of Energy Research，2019，43（3）：1049-1067.

[33] Gao M M，Zhu L L，Peh C K，et al. Solar Absorber Material and System Designs for Photothermal Water Vaporization Towards Clean Water and Energy Production[J]. Energy & Environmental Science，2019，12（3）：841-864.

[34] Ma H，Xue M Q. Recent Advances in the Photothermal Applications of Two-Dimensional Nanomaterials：Photothermal Therapy and Beyond[J]. Journal of Materials Chemistry A，2021，9（33）：17569-17591.

[35] Zhou X Y，Zhao F，Guo Y H，et al. A Hydrogel-Based Antifouling Solar Evaporator for Highly Efficient Water Desalination[J]. Energy&Environmental Science，2018，11（8）：1985-1992.

[36] Zhu L L，Ding T P，Gao M M，et al. Shape Conformal and Thermal Insulative Organic Solar Absorber Sponge for Photothermal Water Evaporation and Thermoelectric Power Generation[J]. Advanced Energy Materials，2019，9（22）：1900250.

[37] Lu X，Tang J B，Song Z P，et al. Hyperstable and Compressible Plant Fibers/Chitosan Aerogel as Portable Solar Evaporator[J]. Solar Energy，2022，231：828-836.

[38] Wu S L，Chen H L，Wang H L，et al. Solar-Driven Evaporators for Water Treatment：Challenges and Opportunities[J]. Environmental Science-Water Research&Technology，2021，7（1）：24-39.

[39] Tao P，Ni G，Song C Y，et al. Solar-Driven Interfacial Evaporation[J]. Nature Energy，2018，3（12）：1031-1041.

[40] Jiang F，Liu H，Li Y J，et al. Lightweight，Mesoporous，and Highly Absorptive All-Nanofiber Aerogel for Efficient Solar Steam Generation[J]. ACS Applied Materials&Interfaces，2018，10（1）：1104-1112.

[41] Ma S N，Chiu C P，Zhu Y J，et al. Recycled Waste Black Polyurethane Sponges for Solar Vapor Genera-

tion and Distillation[J]. Applied Energy, 2017, 206: 63-69.

[42] Shi L, Wang Y C, Zhang L B, et al. Rational Design of a Bi-Layered Reduced Graphene Oxide Film on Polystyrene Foam for Solar-Driven Interfacial Water Evaporation[J]. Journal of Materials Chemistry A, 2017, 5 (31): 16212-16219.

[43] Hu X Z, Xu W C, Zhou L, et al. Tailoring Graphene Oxide-Based Aerogels for Efficient Solar Steam Generation under One Sun[J]. Advanced Materials, 2017, 29 (5): 1604031.

[44] Xue G B, Liu K, Chen Q, et al. Robust and Low-Cost Flame-Treated Wood for High-Performance Solar Steam Generation[J]. ACS Applied Materials&Interfaces, 2017, 9 (17): 15052-15057.

[45] Jia C, Li Y J, Yang Z, et al. Rich Mesostructures Derived from Natural Woods for Solar Steam Generation[J]. Joule, 2017, 1 (3): 588-599.

[46] Wu X, Wu L M, Tan J, et al. Evaporation Above a Bulk Water Surface Using an Oil Lamp Inspired Highly Efficient Solar-Steam Generation Strategy[J]. Journal of Materials Chemistry A, 2018, 6 (26): 12267-12274.

[47] Chala T F, Wu C M, Chou M H, et al. Melt Electrospun Reduced Tungsten Oxide/Polylactic Acid Fiber Membranes as a Photothermal Material for Light-Driven Interfacial Water Evaporation[J]. ACS Applied Materials&Interfaces, 2018, 10 (34): 28955-28962.

[48] Seh Z W, Liu S, Low M, et al. Janus Au-TiO$_2$ Photocatalysts with Strong Localization of Plasmonic Near-Fields for Efficient Visible-Light Hydrogen Generation[J]. Advanced Materials, 2012, 24 (17): 2310-2314.

[49] Wu X, Chen G Y, Owens G, et al. Photothermal Materials: A Key Platform Enabling Highly Efficient Water Evaporation Driven by Solar Energy[J]. Materials Today Energy, 2019, 12: 277-296.

[50] Wang X Z, He Y R, Liu X, et al. Investigation of Photothermal Heating Enabled by Plasmonic Nanofluids for Direct Solar Steam Generation[J]. Solar Energy, 2017, 157: 35-46.

[51] Wang Z H, Liu Y M, Tao P, et al. Bio-Inspired Evaporation through Plasmonic Film of Nanoparticles at the Air-Water Interface[J]. Small, 2014, 10 (16): 3234-3239.

[52] Hessel C M, Pattani V P, Rasch M, et al. Copper Selenide Nanocrystals for Photothermal Therapy[J]. Nano Letters, 2011, 11 (6): 2560-2566.

[53] Gao M, Zhu L, Peh C K, et al. Solar Absorber Material and System Designs for Photothermal Water Vaporization Towards Clean Water and Energy Production[J]. Energy&Environmental Science, 2019, 12 (3): 841-864.

[54] Li R, Zhang L, Shi L, et al. Mxene Ti$_3$C$_2$: An Effective 2D Light-to-Heat Conversion Material[J]. ACS Nano, 2017, 11 (4): 3752-3759.

[55] Li W G, Tekell M C, Huang Y, et al. Synergistic High-Rate Solar Steaming and Mercury Removal with MoS$_2$/C@Polyurethane Composite Sponges[J]. Advanced Energy Materials, 2018, 8 (32): 1802108.

[56] Jiang H L, Ai L H, Chen M, et al. Broadband Nickel Sulfide/Nickel Foam-Based Solar Evaporator for Highly Efficient Water Purification and Electricity Generation [J]. ACS Sustainable Chemistry&Engineering, 2020, 8 (29): 10833-10841.

[57] Xiao C H, Liang W D, Hasi Q M, et al. Efficient Solar Steam Generation of Carbon Black Incorporated Hyper-Cross-Linked Polymer Composites [J]. ACS Applied Energy Materials, 2020, 3 (11): 11350-11358.

[58] Zhang R, Zhou Y W, Xiang B, et al. Scalable Carbon Black Enhanced Nanofiber Network Films for High-Efficiency Solar Steam Generation[J]. Advanced Materials Interfaces, 2021, 8 (24): 2101160.

[59] Ghasemi H, Ni G, Marconnet A M, et al. Solar Steam Generation by Heat Localization[J]. Nature Communications, 2014, 5 (1): 4449.

[60] Liu Y M, Chen J W, Guo D W, et al. Floatable, Self-Cleaning, and Carbon-Black-Based Superhydro-

phobic Gauze for the Solar Evaporation Enhancement at the Air-Water Interface [J]. ACS Applied Materials&Interfaces，2015，7 (24)：13645-13652.

[61] Storer D P，Phelps J L，Wu X，et al. Graphene and Rice-Straw-Fiber-Based 3D Photothermal Aerogels for Highly Efficient Solar Evaporation [J]. ACS Applied Materials&Interfaces，2020，12 (13)：15279-15287.

[62] Liu K K，Jiang Q，Tadepallifit S，et al. Wood Graphene Oxide Composite for Highly Efficient Solar Steam Generation and Desalination[J]. ACS Applied Materials&Interfaces，2017，9 (8)：7675-7681.

[63] Chen L H，Wei J，Tian Q，et al. Dual-Functional Graphene Oxide-Based Photothermal Materials with Aligned Channels and Oleophobicity for Efficient Solar Steam Generation[J]. Langmuir，2021，37 (33)：10191-10199.

[64] Jian H W，Wang Y，Li W X，et al. Reduced Graphene Oxide Aerogel with the Dual-Cross-Linked Framework for Efficient Solar Steam Evaporation[J]. Colloids and Surfaces a-Physicochemical and Engineering Aspects，2021，629：127440.

[65] Sun H X，Li Y Z，Zhu Z Q，et al. Photothermal Conversion Material Derived from Used Cigarette Filters for Solar Steam Generation[J]. Chemsuschem，2019，12 (18)：4257-4264.

[66] Wang F，Mu P，Zhang Z，et al. Reduced Graphene Oxide Coated Hollow Polyester Fibers for Efficient Solar Steam Generation[J]. Energy Technology，2019，7 (7)：1900265.

[67] Wang Y C，Wang C Z，Song X J，et al. A Facile Nanocomposite Strategy to Fabricate a rGO-MWCNT Photothermal Layer for Efficient Water Evaporation[J]. Journal of Materials Chemistry A，2018，6 (3)：963-971.

[68] Mnoyan A，Choi M，Kim D H，et al. Cheap，Facile，and Upscalable Activated Carbon-Based Photothermal Layers for Solar Steam Generation[J]. RSC Advances，2020，10 (69)：42432-42440.

[69] Peng Y Y，Zhao W W，Ni F，et al. Forest-Like Laser-Induced Graphene Film with Ultrahigh Solar Energy Utilization Efficiency[J]. ACS Nano，2021，15 (12)：19490-19502.

[70] Chen C J，Li Y J，Song J W，et al. Highly Flexible and Efficient Solar Steam Generation Device[J]. Advanced Materials，2017，29 (30)：1701756.

[71] Li S，He Y Y，Wang Y N，et al. Simple Hierarchical Interface Design Strategy for Accelerating Solar Evaporation[J]. Macromolecular Materials and Engineering，2021，306 (3)：2000640.

[72] Pan J F，Yu X H，Dong J J，et al. Diatom-Inspired TiO_2-PANI-Decorated Bilayer Photothermal Foam for Solar-Driven Clean Water Generation [J]. ACS Applied Materials&Interfaces，2021，13 (48)：58124-58133.

[73] Xiao C H，Chen L H，Mu P，et al. Sugarcane-Based Photothermal Materials for Efficient Solar Steam Generation[J]. Chemistryselect，2019，4 (27)：7891-7895.

[74] Wang Z，Yan Y T，Shen X P，et al. A Wood-Polypyrrole Composite as a Photothermal Conversion Device for Solar Evaporation Enhancement[J]. Journal of Materials Chemistry A，2019，7 (36)：20706-20712.

[75] Zhang L B，Tang B，Wu J B，et al. Hydrophobic Light-to-Heat Conversion Membranes with Self-Healing Ability for Interfacial Solar Heating[J]. Advanced Materials，2015，27 (33)：4889-4894.

[76] Wu X，Chen G Y，Zhang W，et al. A Plant-Transpiration-Process-Inspired Strategy for Highly Efficient Solar Evaporation[J]. Advanced Sustainable Systems，2017，1 (6)：1700046.

[77] Chen G Y，Sun J M，Peng Q，et al. Biradical-Featured Stable Organic-Small-Molecule Photothermal Materials for Highly Efficient Solar-Driven Water Evaporation [J]. Advanced Materials，2020，32 (29)：1908537.

[78] 沈永嘉. 酞菁的合成与应用[M]. 北京：化学工业出版社，2000.

[79] 贾涛. 基于卟啉和酞菁的阴极界面修饰材料及其在有机太阳能电池中的应用[D]. 长春：吉林大学，2015.

[80] 赵明，李坚，纪俊玲，等. 可溶性近红外吸收剂氨基酞菁的合成及应用[J]. 化工学报，2015，66（04）：1577-1584.

[81] Urbani M，Ragoussi M E，Nazeeruddin M K，et al. Phthalocyanines for Dye-Sensitized Solar Cells[J]. Coordination Chemistry Reviews，2019，381：1-64.

[82] 陈军，王双青，杨国强. 有机金属酞菁类化合物及其非线性光限幅特性[J]. 物理化学学报，2015，31（04）：595-611.

[83] Yildiz S Z，Colak S，Tuna M. Non-Ionic Peripherally Substituted Soluble Phthalocyanines：Synthesis Characterization and Investigation of Their Solution Properties[J]. Journal of Molecular Liquids，2014，195：22-29.

[84] Gutiérrez-Meza E，Noria R，Granados G，et al. Photophysics of a Cis Axially Disubstituted Macrocycle：Rapid Intersystem Crossing in a Tin[IV] Phthalocyanine with a Half-Domed Geometry[J]. The Journal of Physical Chemistry B，2012，116（48）：14107-14114.

[85] Xu R，Li B L，Ding J L，et al. Donor-Acceptor Conjugates-Functionalized Aluminum Phthalocyanines：Photophysical and Nonlinear Optical Properties[J]. European Polymer Journal，2020，134：109813.

[86] Li B L，Cui Z D，Han Y P，et al. Novel Axially Substituted Lanthanum Phthalocyanines：Synthesis，Photophysical and Nonlinear Optical Properties[J]. Dyes and Pigments，2020，179：108407.

[87] Jiang W K，Wang T，Chen X W，et al. Enhancing Room-Temperature NO_2 Detection of Cobalt Phthalo-cyanine Based Gas Sensor at an Ultralow Laser Exposure[J]. Physical Chemistry Chemical Physics，2020，22（33）：18499-18506.

[88] Sahin Z，Meunier-Prest R，Dumoulin F，et al. Tuning of Organic Heterojunction Conductivity by the Substituents' Electronic Effects in Phthalocyanines for Ambipolar Gas Sensors[J]. Sensors and Actuators B：Chemical，2021，332：129505.

[89] Suzuki A，Okumura H，Yamasaki Y，et al. Fabrication and Characterization of Perovskite Type Solar Cells Using Phthalocyanine Complexes[J]. Applied Surface Science，2019，488：586-592.

[90] Zhang Y，Paek S，Urbani M，et al. Unsymmetrical and Symmetrical Zn（Ⅱ）Phthalocyanines as Hole-Transporting Materials for Perovskite Solar Cells[J]. ACS Applied Energy Materials，2018，1（6）：2399-2404.

[91] Zysman-Colman E，Ghosh S S，Xie G H，et al. Solution-Processable Silicon Phthalocyanines in Electrolu-minescent and Photovoltaic Devices[J]. ACS Applied Materials&Interfaces，2016，8（14）：9247-9253.

[92] Arockiam J B，Son H，Han S H，et al. Iron Phthalocyanine Incorporated Metallo-Supramolecular Poly-mer for Superior Electrochromic Performance with High Coloration Efficiency and Switching Stability[J]. ACS Applied Energy Materials，2019，2（12）：8416-8424.

[93] Nguyen T H Q，Pelmus M，Colomier C，et al. The Influence of Intermolecular Coupling on Electron and Ion Transport in Differently Substituted Phthalocyanine Thin Films as Electrochromic Materials：A Chem-istry Application of the Goldilocks Principle[J]. Physical Chemistry Chemical Physics，2020，22（15）：7699-7709.

[94] Liu Q，Pang M P，Tan S H，et al. Potent Peptide-Conjugated Silicon Phthalocyanines for Tumor Photo-dynamic Therapy[J]. Journal of Cancer，2018，9（2）：310-320.

[95] Roguin L P，Chiarante N，García Vior M C，et al. Zinc（Ⅱ）Phthalocyanines as Photosensitizers for An-titumor Photodynamic Therapy[J]. The International Journal of Biochemistry&Cell Biology，2019，114：105575.

[96] Qian C，Sun J，Kong L A，et al. High-Performance Organic Heterojunction Phototransistors Based on Highly Ordered Copper Phthalocyanine/Para-Sexiphenyl Thin Films[J]. Advanced Functional Materials，2017，27（6）：1604933.

[97] Feng H Y，Yuan Y H，Zhang Y P，et al. Targeted Micellar Phthalocyanine for Lymph Node Metastasis

Homing and Photothermal Therapy in an Orthotopic Colorectal Tumor Model[J]. Nano-Micro Letters, 2021, 13 (1): 145.

[98] Li L, Yang Q Z, Shi L, et al. Novel Phthalocyanine-Based Polymeric Micelles with High near-Infrared Photothermal Conversion Efficiency under 808nm Laser Irradiation for *in Vivo* Cancer Therapy[J]. Journal of Materials Chemistry B, 2019, 7 (14): 2247-2251.

[99] Lv B Z, Chen Y F, Li P Y, et al. Stable Radical Anions Generated from a Porous Perylenediimide Metal-Organic Framework for Boosting Near-Infrared Photothermal Conversion[J]. Nature Communications, 2019, 10 (1): 767.

[100] Zhao X P, Huang C X, Xiao D M, et al. Melanin-Inspired Design: Preparing Sustainable Photothermal Materials from Lignin for Energy Generation[J]. ACS Applied Materials&Interfaces, 2021, 13 (6): 7600-7607.

[101] 杨林涛. 木基光热转化材料的制备及海水淡化性能研究[D]. 哈尔滨: 东北林业大学, 2020.

[102] Jia C, Li Y, Yang Z, et al. Rich Mesostructures Derived from Natural Woods for Solar Steam Generation[J]. Joule, 2017, 1 (3): 588-599.

[103] Wang L, Wang Y, Wang H, et al. Carbon Dot-Based Composite Films for Simultaneously Harvesting Raindrop Energy and Boosting Solar Energy Conversion Efficiency in Hybrid Cells[J]. ACS Nano, 2020, 14 (8): 10359-10369.

[104] Zhao L, Wang L, Shi J, et al. Shape-Programmable Interfacial Solar Evaporator with Salt-Precipitation Monitoring Function[J]. ACS Nano, 2021, 15 (3): 5752-5761.

[105] Park J H, Park S H, Lee J, et al. Solar Evaporation-Based Energy Harvesting Using a Leaf-Inspired Energy-Harvesting Foam[J]. ACS Sustainable Chemistry&Engineering, 2021, 9 (14): 5027-5037.

[106] Lin Z, Wu T, Feng Y F, et al. Poly(*N*-phenylglycine)/MoS$_2$ Nanohybrid with Synergistic Solar-Thermal Conversion for Efficient Water Purification and Thermoelectric Power Generation[J]. ACS Applied Materials&Interfaces, 2022, 14 (1): 1034-1044.

[107] Xu Z, Li Z, Jiang Y, et al. Recent Advances in Solar-Driven Evaporation Systems[J]. Journal of Materials Chemistry A, 2020, 8 (48): 25571-25600.

[108] Champier D. Thermoelectric Generators: A Review of Applications[J]. Energy Conversion and Management, 2017, 140: 167-181.

[109] Liu Z, Wang L, Yu X, et al. Piezoelectric-Effect-Enhanced Full-Spectrum Photoelectrocatalysis in p-n Heterojunction[J]. Advanced Functional Materials, 2019, 29 (41): 1807279.

[110] Tao P, Ni G, Song C, et al. Solar-Driven Interfacial Evaporation[J]. Nature Energy, 2018, 3 (12): 1031-1041.

[111] Kim J, Choi H, Cho S H, et al. Scalable High-Efficiency Bi-Facial Solar Evaporator with a Dendritic Copper Oxide Wick[J]. ACS Applied Materials&Interfaces, 2021, 13 (10): 11869-11878.

[112] Sun P, Wang W, Zhang W, et al. 3D Interconnected Gyroid Au-CuS Materials for Efficient Solar Steam Generation[J]. ACS Applied Materials&Interfaces, 2020, 12 (31): 34837-34847.

[113] Huang C H, Huang J X, Chiao Y H, et al. Tailoring of a Piezo-Photo-Thermal Solar Evaporator for Simultaneous Steam and Power Generation [J]. Advanced Functional Materials, 2021, 31 (17): 2010422.

[114] Li L, Zhang J. Highly Salt-Resistant and All-Weather Solar-Driven Interfacial Evaporators with Photothermal and Electrothermal Effects Based on Janus Fraphene@Silicone Sponges[J]. Nano Energy, 2021, 81: 105682.

[115] Wang S, Chen H, Liu J, et al. NIR - II Light Activated Photosensitizer with Aggregation - Induced Emission for Precise and Efficient Two - Photon Photodynamic Cancer Cell Ablation[J]. Advanced Functional Materials, 2020, 30: 2002546.

[116] Wang Y, Wu W, Mao D, et al. Metal-Organic Framework Assisted and Tumor Microenvironment Modulated Synergistic Image-Guided Photo-Chemo Therapy [J]. Advanced Functional Materials, 2020, 30: 2002431.

[117] Guo B, Wu M, Shi Q, et al. All-in-One Molecular Aggregation-Induced Emission Theranostics: Fluorescence Image Guided and Mitochondria Targeted Chemo-and Photodynamic Cancer Cell Ablation [J]. Chemistry of Materials, 2020, 32 (11): 4681-4691.

[118] 赵建玲，马晨雨，李建强，等. 基于全光谱太阳光利用的光热转换材料研究进展[J]. 材料工程，2019，47 (06): 11-19.

[119] Li X, Zhang D, Yin C, et al. A Diradicaloid Small Molecular Nanotheranostic with Strong Near-Infrared Absorbance for Effective Cancer Photoacoustic Imaging and Photothermal Therapy [J]. ACS Applied Materials & Interfaces, 2021, 13 (14): 15983-15991.

[120] Li L, Liu Y, Sun T, et al. An "All-in-One" Strategy Based on the Organic Molecule DCN-4CQA for Effective NIR-Fluorescence-Imaging-Guided Dual Phototherapy [J]. Journal of Materials Chemistry B, 2021, 9 (29): 5785-5793.

[121] Li H, He Y, Hu Y, et al. Commercially Available Activated Carbon Fiber Felt Enables Efficient Solar Steam Generation [J]. ACS Applied Materials & Interfaces, 2018, 10 (11): 9362-9368.

[122] Liu F, Lou D, Liang E, et al. Nanosecond Laser Patterned Porous Graphene from Monolithic Mesoporous Carbon for High-Performance Solar Thermal Interfacial Evaporation [J]. Advanced Materials Technologies, 2021, 6 (12): 2101052.

[123] Ying P, Li M, Yu F, et al. Band Gap Engineering in an Efficient Solar-Driven Interfacial Evaporation System [J]. ACS Applied Materials & Interfaces, 2020, 12 (29): 32880-32887.

[124] Lin H, Yang L, Jiang X, et al. Electrocatalysis of Polysulfide Conversion by Sulfur-Deficient MoS_2 Nanoflakes for Lithium-Sulfur Batteries [J]. Energy & Environmental Science, 2017, 10 (6): 1476-1486.

[125] Yang Y, Wu J, Xiao T, et al. Urchin-Like Hierarchical CoZnAl-LDH/rGO/g-C_3N_4 Hybrid As a Z-Scheme Photocatalyst for Efficient and Selective CO_2 Reduction [J]. Applied Catalysis B: Environmental, 2019, 255: 117771.

[126] Yang P, Liu K, Chen Q, et al. Solar-Driven Simultaneous Steam Production and Electricity Generation from Salinity [J]. Energy & Environmental Science, 2017, 10 (9): 1923-1927.

[127] Hu T, Li L, Yang Y, et al. A Yolk@Shell Superhydrophobic/Superhydrophilic Solar Evaporator for Efficient and Stable Desalination [J]. Journal of Materials Chemistry A, 2020, 8 (29): 14736-14745.

[128] Wang Z, Tu W, Zhao Y, et al. Robust Carbon-Dot-Based Evaporator with an Enlarged Evaporation Area for Efficient Solar Steam Generation [J]. Journal of Materials Chemistry A, 2020, 8 (29): 14566-14573.

[129] Qin D D, Zhu Y J, Chen F F, et al. Self-Floating Aerogel Composed of Carbon Nanotubes and Ultralong Hydroxyapatite Nanowires for Highly Efficient Solar Energy-Assisted Water Purification [J]. Carbon, 2019, 150: 233-243.

[130] Chen F, Gong A S, Zhu M, et al. Mesoporous, Three-Dimensional Wood Membrane Decorated with Nanoparticles for Highly Efficient Water Treatment [J]. ACS Nano, 2017, 11 (4): 4275-4282.

[131] Zhu M, Li Y, Chen F, et al. Plasmonic Wood for High-Efficiency Solar Steam Generation [J]. Advanced Energy Materials, 2018, 8 (4): 1701028.

[132] Sun W, Zhong G, Kübel C, et al. Size-Tunable Photothermal Germanium Nanocrystals [J]. Angewandte Chemie International Edition, 2017, 56 (22): 6329-6334.

[133] Zhou L, Tan Y, Wang J, et al. 3D Self-Assembly of Aluminium Nanoparticles for Plasmon-Enhanced Solar Desalination [J]. Nature Photonics, 2016, 10 (6): 393-398.

[134] Bundschuh J, Kaczmarczyk M, Ghaffour N, et al. State-of-the-Art of Renewable Energy Sources Used in Water Desalination: Present and future prospects[J]. Desalination, 2021, 508: 115035.

[135] Yang J, Chen Y, Jia X, et al. Wood-Based Solar Interface Evaporation Device with Self-Desalting and High Antibacterial Activity for Efficient Solar Steam Generation[J]. ACS Applied Materials&Interfaces, 2020, 12 (41): 47029-47037.

[136] Fu Y, Mei T, Wang G, et al. Investigation on Enhancing Effects of Au Nanoparticles on Solar Steam Generation in Graphene Oxide Nanofluids[J]. Applied Thermal Engineering, 2017, 114: 961-968.

[137] Sharma B, Rabinal M K. Plasmon Based Metal-Graphene Nanocomposites for Effective Solar Vaporization[J]. Journal of Alloys and Compounds, 2017, 690: 57-62.

[138] Hu R, Zhang J, Kuang Y, et al. A Janus Evaporator with Low Tortuosity for Long-Term Solar Desalination[J]. Journal of Materials Chemistry A, 2019, 7 (25): 15333-15340.

[139] Zheng Z, Li H, Zhang X, et al. High-Absorption Solar Steam Device Comprising $Au@Bi_2MoO_6$-CDs: Extraordinary Desalination and Electricity Generation[J]. Nano Energy, 2020, 68: 104298.

[140] Xu J, Xu F, Qian M, et al. Copper Nanodot-Embedded Graphene Urchins of Nearly Full-Spectrum Solar Absorption and Extraordinary Solar Desalination[J]. Nano Energy, 2018, 53: 425-431.

[141] Chen C, Kuang Y, Hu L. Challenges and Opportunities for Solar Evaporation[J]. Joule, 2019, 3 (3): 683-718.

[142] Li W, Li Z, Bertelsmann K, et al. Portable Low-Pressure Solar Steaming-Collection Unisystem with Polypyrrole Origamis[J]. Advanced Materials, 2019, 31 (29): 1900720.

[143] Wang X, Liu Q, Wu S, et al. Multilayer Polypyrrole Nanosheets with Self-Organized Surface Structures for Flexible and Efficient Solar-Thermal Energy Conversion [J]. Advanced Materials, 2019, 31 (19): 1807716

[144] Huang W, Hu G, Tian C, et al. Nature-Inspired Salt Resistant Polypyrrole-Wood for Highly Efficient Solar Steam Generation[J]. Sustainable Energy&Fuels, 2019, 3 (11): 3000-3008.

[145] Jiang Q, Gholami D H, Ghim D, et al. Polydopamine-Filled Bacterial Nanocellulose as a Biodegradable Interfacial Photothermal Evaporator for Highly Efficient Solar Steam Generation[J]. Journal of Materials Chemistry A, 2017, 5 (35): 18397-18402.

[146] Zhao F, Zhou X, Shi Y, et al. Highly Efficient Solar Vapour Generation Via Hierarchically Nanostructured Gels[J]. Nature Nanotechnology, 2018, 13 (6): 489-495.

[147] Chen G, Sun J, Peng Q, et al. Biradical-Featured Stable Organic-Small-Molecule Photothermal Materials for Highly Efficient Solar-Driven Water Evaporation [J]. Advanced Materials, 2020, 32 (29): 1908537.

[148] 王嘉. 烷基/树枝状取代喹吖啶酮化合物的合成、光谱性质及低维组装特性的研究[D]. 长春：吉林大学, 2007.

[149] Saito Y, Iwamoto S, Tanaka Y, et al. Suppressing Aggregation of Quinacridone Pigment and Improving Its Color Strength by Using Chitosan Nanofibers[J]. Carbohydrate Polymers, 2021, 255: 117365.

[150] Labana S, Labana L. Quinacridones[J]. Chemical Reviews, 1967, 67 (1): 1-18.

[151] Tomida M, Kusabayashi S, Yokoyama M. Organic Solar Cell Fabrication Using Quinacridone Pigments [J]. Chemistry Letters, 1984, 13 (8): 1305-1308.

[152] Manabe K, Kusabayashi S, Yokoyama M. Long-Life Organic Solar Cell Fabrication Using Quinacridone Pigment[J]. Chemistry Letters, 1987, 16 (4): 609-612.

[153] Qu Y, Zhang X, Wu Y, et al. Fluorescent Conjugated Polymers Based on Thiocarbonyl Quinacridone for Sensing Mercury Ion and Bioimaging[J]. Polymer Chemistry, 2014, 5 (10): 3396-3403.

[154] Qu Y, Jin Y, Cheng Y, et al. A Solothiocarbonyl Quinacridone with Long Chains Used as a Fluorescent Tool for Rapid Detection of Hg^{2+} in Hydrophobic Naphtha Samples[J]. Journal of Materials Chemistry

A，2017，5（28）：14537-14541.

[155] Chen J J A，Chen T L，Kim B，et al. Quinacridone-Based Molecular Donors for Solution Processed Bulk-Heterojunction Organic Solar Cells[J]. ACS Applied Materials&Interfaces，2010，2（9）：2679-2686.

[156] Javed I，Zhang Z，Peng T，et al. Solution Processable Quinacridone Based Materials as Acceptor for Organic Heterojunction Solar Cells[J]. Solar Energy Materials and Solar Cells，2011，95（9）：2670-2676.

[157] Zhou T，Jia T，Kang B，et al. Nitrile-Substituted QA Derivatives：New Acceptor Materials for Solution-Processable Organic Bulk Heterojunction Solar Cells[J]. Advanced Energy Materials，2011，1（3）：431-439.

[158] Ye K，Wang J，Sun H，et al. Supramolecular Structures and Assembly and Luminescent Properties of Quinacridone Derivatives[J]. The Journal of Physical Chemistry B，2005，109（16）：8008-8016.

[159] Liu J，Li Z，Hu T，et al. Angular-Fused Dithianaphthylquinone Derivative：Selective Synthesis，Thermally Activated Delayed Fluorescence Property，and Application in Organic Light-Emitting Diode[J]. Organic Letters，2019，21（21）：8832-8836.

[160] Anderson J D，Mcdonald E M，Lee P A，et al. Electrochemistry and Electrogenerated Chemiluminescence Processes of the Components of Aluminum Quinolate/Triarylamine，and Related Organic Light-Emitting Diodes[J]. Journal of the American Chemical Society，1998，120（37）：9646-9655.

[161] Chen W，Zhang J，Long G，et al. From Non-Detectable to Decent：Replacement of Oxygen with Sulfur in Naphthalene Diimide Boosts Electron Transport in Organic Thin-Film Transistors（OTFT）[J]. Journal of Materials Chemistry C，2015，3（31）：8219-8224.

[162] Chen W，Tian K，Song X，et al. Large π-Conjugated Quinacridone Derivatives：Syntheses，Characterizations，Emission，and Charge Transport Properties[J]. Organic Letters，2015，17（24）：6146-6149.

[163] Tian H K，Shi J W，Yan D H，et al. Naphthyl End-Capped Quarterthiophene：A Simple Organic Semiconductor with High Mobility and Air Stability[J]. Advanced Materials，2006，18（16）：2149-2152.

[164] Li C，Fu H，Xia T，et al. Asymmetric Nonfullerene Small Molecule Acceptors for Organic Solar Cells[J]. Advanced Energy Materials，2019，9（25）：1900999.

[165] Pho T V，Kim H，Seo J H，et al. Quinacridone-Based Electron Transport Layers for Enhanced Performance in Bulk-Heterojunction Solar Cells[J]. Advanced Functional Materials，2011，21（22）：4338-4341.

[166] Guo Y，Zhao F，Zhou X，et al. Tailoring Nanoscale Surface Topography of Hydrogel for Efficient Solar Vapor Generation[J]. Nano Letters，2019，19（4）：2530-2536.

[167] Ren H，Tang M，Guan B，et al. Hierarchical Graphene Foam for Efficient Omnidirectional Solar-Thermal Energy Conversion[J]. Advanced Materials，2017，29（38）：1702590.

[168] Dong S，Zhao Y，Yang J，et al. Visible-Light Responsive PDI/rGO Composite Film for the Photothermal Catalytic Degradation of Antibiotic Wastewater and Interfacial Water Evaporation[J]. Applied Catalysis B：Environmental，2021，291：120127.

[169] Nozariasbmarz A，Collins H，Dsouza K，et al. Review of Wearable Thermoelectric Energy Harvesting：From Body Temperature to Electronic Systems[J]. Applied Energy，2020，258：114069.

[170] Riahi A，Ali A B H，Fadhel A，et al. Performance Investigation of a Concentrating Photovoltaic Thermal Hybrid Solar System Combined with Thermoelectric Generators[J]. Energy Conversion and Management，2020，205：112377.

[171] Ren W，Sun Y，Zhao D，et al. High-Performance Wearable Thermoelectric Generator with Self-Healing，Recycling，and Lego-Like Reconfiguring Capabilities[J]. Science Advances，2021，7（7）：eabe0586.

[172] Huang J，He Y，Wang L，et al. Bifunctional Au@TiO_2 core-shell nanoparticle films for clean water generation by photocatalysis and solar evaporation[J]. Energy Conversion and Management，2017，132：452-459.

[173] Meng F L, Gao M, Ding T, et al. Modular Deformable Steam Electricity Cogeneration System with Photothermal, Water, and Electrochemical Tunable Multilayers[J]. Advanced Functional Materials, 2020, 30 (32): 2002867.

[174] 王斌, 邹贺隆, 刘雨, 等. 有机热电材料研究进展[J]. 南昌航空大学学报（自然科学版）, 2020, 34 (01): 31-42.

[175] Mekonnen M M, Hoekstra A Y. Four Billion People Facing Severe Water Scarcity[J]. Science Advances, 2016, 2 (2): e1500323.

[176] 李箫宁, 余波, 王雷等. 环境友好型光热材料的海水淡化研究进展[J]. 广东化工, 2023, 50 (01): 99-100+80.

[177] Lord J, Thomas A, Treat N, et al. Global Potential for Harvesting Drinking Water from Air Using Solar Energy[J]. Nature, 2021, 598 (7882): 611-617.

[178] Darre N C, Toor G S. Desalination of Water: a Review[J]. Current Pollution Reports, 2018, 4 (2): 104-111.

[179] Jones E, Qadir M, Van Vliet M T H, et al. The State of Desalination and Brine Production: A Global Outlook[J]. Science of The Total Environment, 2019, 657: 1343-1356.

[180] Shannon M A, Bohn P W, Elimelech M, et al. Science and Technology for Water Purification in the Coming Decades[J]. Nature, 2008, 452 (7185): 301-310.

[181] Karlsson O, Rocklöv J, Lehoux A P, et al. The Human Exposome and Health in the Anthropocene[J]. International Journal of Epidemiology, 2021, 50 (2): 378-389.

[182] Wei H J, Zhao S J, Zhang X Y, et al. The Future of Freshwater Access: Functional Material-Based Nano-Membranes for Desalination[J]. Materials Today Energy, 2021, 22: 100856.

[183] 李天娇. 全球能源短缺和价格波动观察[J]. 中国电力企业管理, 2021, 649 (28): 91-92.

[184] Cui Y Y, Liu J, Li Z Q, et al. Donor-Acceptor-Type Organic-Small-Molecule-Based Solar-Energy-Absorbing Material for Highly Efficient Water Evaporation and Thermoelectric Power Generation[J]. Advanced Functional Materials, 2021, 31 (49): 2106247.

[185] Wu Y Y, Dang C Y, Wu J, et al. A Photothermal System for Wastewater Disposal and Co-Generation of Clean Water and Electricity [J]. Journal of Environmental Chemical Engineering, 2022, 10 (1): 107124.

[186] Zhang X F, Shiu B C, Li T T, et al. Synergistic Work of Photo-Thermoelectric and Hydroelectric Effects of Hierarchical Structure Photo-Thermoelectric Textile for Solar Energy Harvesting and Solar Steam Generation Simultaneously[J]. Chemical Engineering Journal, 2021, 426: 131923.

[187] Zhao M, Zhu Y L, Pan Y Y, et al. High-Performance Organic Photothermal Material Based on Fusion of the Donor-Acceptor Structure for Water Evaporation and Thermoelectric Power Generation[J]. ACS Applied Energy Materials, 2022, 5 (12): 15758-15767.

[188] Ahmed F E, Khalil A, Hilal N. Emerging Desalination Technologies: Current Status, Challenges and Future Trends[J]. Desalination, 2021, 517: 115183.

[189] Zhao F, Guo Y H, Zhou X Y, et al. Materials for Solar-Powered Water Evaporation[J]. Nature Reviews Materials, 2020, 5 (5): 388-401.

[190] Zhou X Y, Zhao F, Zhang P P, et al. Solar Water Evaporation Toward Water Purification and Beyond[J]. ACS Materials Letters, 2021, 3 (8): 1112-1129.

[191] Zhang X, Yang X T, Guo P X, et al. Solar Interfacial Evaporation at the Water-Energy Nexus: Bottlenecks, Approaches, and Opportunities[J]. Solar RRL, 2023, 7 (9): 2201098.

[192] Zhu L L, Gao M M, Peh C K N, et al. Solar-Driven Photothermal Nanostructured Materials Designs and Prerequisites for Evaporation and Catalysis Applications[J]. Materials Horizons, 2018, 5 (3): 323-343.

[193] Dotan H，Kfir O，Sharlin E，et al. Resonant Light Trapping in Ultrathin Films for Water Splitting[J]. Nature Materials，2013，12 (2)：158-164.

[194] Tao F J，Zhang Y L，Yin K，et al. A Plasmonic Interfacial Evaporator for High-Efficiency Solar Vapor Generation[J]. Sustainable Energy & Fuels，2018，2 (12)：2762-2769.

[195] He F，Wu X C，Gao J，et al. Solar-Driven Interfacial Evaporation Toward Clean Water Production：Burgeoning Materials，Concepts and Technologies[J]. Journal of Materials Chemistry A，2021，9 (48)：27121-27139.

[196] Yang X，Yang Y，Fu L，et al. An Ultrathin Flexible 2D Membrane Based on Singlewalled Nanotube-MoS_2 Hybrid Film for High-Performance Solar Steam Generation[J]. Advanced Functional Materials，2018，28 (3)：1704505.

[197] Neumann O，Urban A S，Day J，et al. Solar Vapor Generation Enabled by Nanoparticles[J]. ACS Nano，2013，7 (1)：42-49.

[198] Mizuno K，Ishii J，Kishida H，et al. A Black Body Absorber from Vertically Aligned Single-Walled Carbon Nanotubes[J]. Proceedings of the National Academy of Sciences，2009，106 (15)：6044-6047.

[199] Gao M，Zhu L，Peh C K，et al. Solar Absorber Material and System Designs for Photothermal Water Vaporization Towards Clean Water and Energy Production[J]. Energy & Environmental Science，2019，12 (3)：841-864.

[200] Soo Joo B，Soo Kim I，Ki Han I，et al. Plasmonic Silicon Nanowires for Enhanced Heat Localization and Interfacial Solar Steam Generation[J]. Applied Surface Science，2022，583：152563.

[201] Zada I，Zhang W，Sun P，et al. Superior Photothermal Black TiO_2 With Random Size Distribution as Flexible Film for Efficient Solar Steam Generation[J]. Applied Materials Today，2020，20：100669.

[202] Ma N，Fu Q，Hong Y X，et al. Processing Natural Wood into an Efficient and Durable Solar Steam Generation Device[J]. ACS Applied Materials & Interfaces，2020，12 (15)：18165-18173.

[203] Sun H X，Li Y Z，Li J Y，et al. Facile Preparation of a Carbon-Based Hybrid Film for Efficient Solar-Driven Interfacial Water Evaporation [J]. ACS Applied Materials & Interfaces，2021，13 (28)：33427-33436.

[204] Zhao H Y，Chen Y，Peng Q S，et al. Catalytic Activity of MOF(2Fe/Co)/Carbon Aerogel for Improving H_2O_2 and OH Generation in Solar Photo-Electro-Fenton Process[J]. Applied Catalysis B：Environmental，2017，203：127-137.

[205] 向娇娇，樊莎，高达利，等. 光热转换用碳基材料的制备及应用进展[J]. 浙江理工大学学报（自然科学版），2023，49 (01)：33-42.

[206] Chen T J，Xie H，Qiao X，et al. Highly Anisotropic Corncob as an Efficient Solar Steam-Generation Device with Heat Localization and Rapid Water Transportation[J]. ACS Applied Materials & Interfaces，2020，12 (45)：50397-50405.

[207] Feng Q，Bu X，Wan Z，et al. An Efficient Torrefaction Bamboo-Based Evaporator in Interfacial Solar Steam Generation[J]. Solar Energy，2021，230：1095-1105.

[208] Wang S W，Xie H L，Xia Y Y，et al. Laser-Treated Wood for High-Efficiency Solar Thermal Steam Generation[J]. RSC Advances，2022，12 (38)：24861-24867.

[209] Bian Y，Du Q Q，Tang K，et al. Carbonized Bamboos as Excellent 3D Solar Vapor-Generation Devices [J]. Advanced Materials Technologies，2019，4 (4)：1800593.

[210] Wilson H M，Ahirrao D J，Raheman Ar S，et al. Biomass-Derived Porous Carbon for Excellent Low Intensity Solar Steam Generation and Seawater Desalination[J]. Solar Energy Materials and Solar Cells，2020，215：110604.

[211] 李习标，关昌峰，阎华，等. 碳基材料光热水蒸发研究进展[J]. 化工新型材料，2021，49 (08)：21-27.

[212] Wu Y T, Kong R, Ma C L, et al. Simulation-Guided Design of Bamboo Leaf-Derived Carbon-Based High-Efficiency Evaporator for Solar-Driven Interface Water Evaporation[J]. Energy & Environmental Materials, 2022, 5 (4): 1323-1331.

[213] Zhang W, Zhang L, Li T X, et al. Efficient Solar-Driven Interfacial Water Evaporation Enabled Wastewater Remediation by Carbonized Sugarcane[J]. Journal of Water Process Engineering, 2022, 49: 102991.

[214] Jiang Q S, Tian L M, Liu K K, et al. Bilayered Biofoam for Highly Efficient Solar Steam Generation [J]. Advanced Materials, 2016, 28 (42): 9400-9407.

[215] Bian L X, Jia L P, Zhou Y H, et al. A Flexible and Highly Efficient Graphene-Based Photothermal Evaporation Device with Independent Water Transport and Photothermal Absorption System[J]. Materials Today Communications, 2022, 33: 104337.

[216] Chhetri S, Nguyen A T, Song S, et al. Flexible Graphite Nanoflake/Polydimethylsiloxane Nanocomposites with Promising Solar-Thermal Conversion Performance[J]. ACS Applied Energy Materials, 2023, 6 (4): 2582-2593.

[217] Li C J, Li W, Zhao H Y, et al. Constructing Central Hollow Cylindrical Reduced Graphene Oxide Foams with Vertically and Radially Orientated Porous Channels for Highly Efficient Solar-Driven Water Evaporation and Purification[J]. Nano Research, 2023, 16 (5): 6343-6352.

[218] Jeong S, Park J Y, Kim J M, et al. Photothermally Enhanced Hollow Gold Nanopigment for Water Evaporation and Sterilization Achieved via a Photothermal Effect[J]. Building and Environment, 2023, 229: 109970.

[219] Chen X B, Yang N L, Wang Y L, et al. Highly Efficient Photothermal Conversion and Water Transport during Solar Evaporation Enabled by Amorphous Hollow Multishelled Nanocomposites[J]. Advanced Materials, 2022, 34 (7): 2107400.

[220] Barnes W L, Dereux A, Ebbesen T W. Surface Plasmon Subwavelength Optics[J]. Nature, 2003, 424 (6950): 824-830.

[221] Zhao F, Guo Y, Zhou X, et al. Materials for Solar-Powered Water Evaporation[J]. Nature Reviews Materials, 2020, 5 (5): 388-401.

[222] 齐春华, 冯厚军, 邢玉雷, 等. 蒸馏海水淡化用金属传热材料的应用现状和前景分析[J]. 中国材料进展, 2013, 32 (05): 307-313.

[223] Du R R, Zhu H Y, Zhao H Y, et al. Modulating Photothermal Properties by Integration of Fined Fe-Co in Confined Carbon Layer of SiO_2 Nanosphere for Pollutant Degradation and Solar Water Evaporation[J]. Environmental Research, 2023, 222: 115365.

[224] Wu J, Qu J, Yin G, et al. Omnidirectionally Irradiated Three-Dimensional Molybdenum Disulfide Decorated Hydrothermal Pinecone Evaporator for Solar-Thermal Evaporation and Photocatalytic Degradation of Wastewaters[J]. Journal of Colloid and Interface Science, 2023, 637: 477-488.

[225] Wang J P, Shamim T, Arshad N, et al. In Situ Polymerized Fe_2O_3@PPy/Chitosan Hydrogels as a Hydratable Skeleton for Solar-Driven Evaporation[J]. Journal of the American Ceramic Society, 2022, 105 (8): 5325-5335.

[226] Li X, Xu W, Tang M, et al. Graphene Oxide-Based Efficient and Scalable Solar Desalination Under One Sun with a Confined 2D Water Path[J]. Proceedings of the National Academy of Science, 2016, 113 (49): 13953-13958.

[227] Liu P, Li X Y, Xu L, et al. Recent Progress in Interfacial Photo-Vapor Conversion Technology Using Metal Sulfide-Based Semiconductor Materials[J]. Desalination, 2022, 527: 115532.

[228] Sun L, Li Z, Su R, et al. Phase-Transition Induced Conversion into a Photothermal Material: Quasi-Metallic $WO_{2.9}$ Nanorods for Solar Water Evaporation and Anticancer Photothermal Therapy[J]. Ange-

wandte Chemie International Edition，2018，57 （33）：10666-10671.

[229] Zakaria H，Li Y，Fathy M M，et al. A Novel TiO_2-x/TiN@ACB Composite for Synchronous Photocatalytic Cr(Ⅵ) Reduction and Water Photothermal Evaporation under Visible/Infrared Light Illumination [J]. Chemosphere，2023，311：137137.

[230] Yang H F，Liu Y S，Qiao Z Q，et al. One-Step Ultrafast Deflagration Synthesis of N-Doped $WO_{2.9}$ Nanorods for Solar Water Evaporation[J]. Applied Surface Science，2021，555：149697.

[231] Tong Y J，Boldoo T，Ham J，et al. Improvement of Photo-Thermal Energy Conversion Performance of MWCNT/Fe_3O_4 Hybrid Nanofluid Compared to Fe_3O_4 Nanofluid[J]. Energy，2020，196：117086.

[232] Jung H S，Lee J H，Kim K，et al. A Mitochondria-Targeted Cryptocyanine-Based Photothermogenic Photosensitizer[J]. Journal of the American Chemical Society，2017，139 （29）：9972-9978.

[233] Zheng K，Liu X X，Li M Y，et al. Phthalocyanine-Based Nanoassembly with Switchable Fluorescence and Photoactivities for Tumor Imaging and Phototherapy[J]. Analytical Chemistry，2022，94 （43）：15067-15075.

[234] Hu D H，Liu C B，Song L，et al. Indocyanine Green-Loaded Polydopamine-Iron Ions Coordination Nanoparticles for Photoacoustic/Magnetic Resonance Dual-Modal Imaging-Guided Cancer Photothermal Therapy [J]. Nanoscale，2016，8 （39）：17150-17158.

[235] Overchuk M，Zheng M，Rajora M A，et al. Tailoring Porphyrin Conjugation for Nanoassembly-Driven Phototheranostic Properties[J]. ACS Nano，2019，13 （4）：4560-4571.

[236] Zhang X J，Li Y，Chen Z X，et al. Molecular Engineering of Narrow Bandgap Porphyrin Derivatives for Highly Efficient Photothermal Conversion[J]. Dyes and Pigments，2021，192：109460.

[237] Ding K K，Zhang Y W，Si W L，et al. Zinc(Ⅱ) Metalated Porphyrins as Photothermogenic Photosensitizers for Cancer Photodynamic/Photothermal Synergistic Therapy[J]. ACS Applied Materials & Interfaces，2018，10 （1）：238-247.

[238] Chen R J，Chen P C，Prasannan A，et al. Formation of Gold Decorated Porphyrin Nanoparticles and Evaluation of Their Photothermal and Photodynamic Activity[J]. Materials Science and Engineering：C，2016，63：678-685.

[239] Bang Y J，Han S J，Yoo J，et al. Hydrogen Production by Steam Reforming of Liquefied Natural Gas （LNG） over Mesoporous Nickel-Phosphorus-Alumina Aerogel Catalyst[J]. International Journal of Hydrogen Energy，2014，39 （10）：4909-4916.

[240] Jung H S，Verwilst P，Sharma A，et al. Organic Molecule-Based Photothermal Agents：an Expanding Photothermal Therapy Universe[J]. Chemical Society Reviews，2018，47 （7）：2280-2297.

[241] Wang H Y，Chang J J，Shi M W，et al. A Dual-Targeted Organic Photothermal Agent for Enhanced Photothermal Therapy[J]. Angewandte Chemie International Edition，2019，58 （4）：1057-1061.

[242] Li H C，Li H N，Zou L Y，et al. Vertically π-Extended Strong Acceptor Unit Boosting Near-Infrared Photothermal Conversion of Conjugated Polymers Toward Highly Efficient Solar-Driven Water Evaporation [J]. Journal of Materials Chemistry A，2023，11 （6）：2933-2946.

[243] Mu X T，Chen L H，Qu N N，et al. MXene/polypyrrole Coated Melamine-Foam for Efficient Interfacial Evaporation and Photodegradation[J]. Journal of Colloid and Interface Science，2023，636：291-304.

[244] Zhang C，Liang H Q，Xu Z K，et al. Harnessing solar-driven photothermal effect toward the water-energy nexus[J]. Advanced Science，2019，6 （18）：1900883.